DES

RÉSERVES DE BLÉS

ET DE LA QUESTION

DES SUBSISTANCES EN GÉNÉRAL

PAR MM. SURMONT ET RICHARD.

Examen devant la Société d'Agriculture, Sciences et Arts de la Sarthe.

(Extrait de son Bulletin)

SÉANCE DU 3 DÉCEMBRE 1858.

M. Surmont donne lecture du travail suivant :

Messieurs,

Un décret récent, du 16 novembre 1858, exige l'extension des réserves de la boulangerie dans 161 villes, et une circulaire de S. E. le Ministre de l'Agriculture, à MM. les Préfets, laisse pressentir son intention d'étendre cette mesure de prévoyance au plus grand nombre de localités possible.

Toutefois, Son Excellence tient à provoquer des observations avant de réaliser ce projet, et, comme cette circulaire a été rendue publique, nous croyons répondre à ses vues en venant examiner devant vous cette grave question.

La pensée de se prémunir contre les disettes de blés est tellement sensée et rationnelle, que nul n'oserait en contester l'utilité et la légitimité.

Aussi, dans l'antiquité comme dans les temps modernes, a-t-on cherché souvent à atténuer les effets des années où les céréales faisaient défaut, par des mesures diverses dans la forme, mais qui au fond aboutissaient toutes à ce résultat: qu'elles plaçaient sous la main des administrations des approvisionnements de blé ou de farine achetés lorsque les prix étaient peu élevés et qu'on ne livrait à la consommation que lorsque l'autorité le reconnaissait opportun.

L'approvisionnement réglementaire imposé depuis longtemps aux boulangers dans 161 villes, et dont il s'agirait aujourd'hui d'étendre et de développer l'application au plus grand nombre possible de communes, conserve, selon nous, tout ce caractère ; car, si sa manutention n'est pas faite par des employés administratifs, son achat est dû uniquement à l'impulsion de l'autorité, comme la mise en consommation n'a lieu que sur son permis.

Il ne faut pas, en effet, confondre l'approvisionnement réglementaire auquel le boulanger ne peut toucher sans permission, avec celui destiné à la fabrication courante, et dont il fait varier l'importance selon ses appréciations personnelles de la hausse ou de la baisse des blés et des farines ou des capitaux à sa disposition.

Il faut donc bien se garder de faire une confusion entre ces deux natures d'achats, pour voir si une réserve *obligatoire* et *générale* aurait comme résultat d'éviter ou au moins d'atténuer les disettes ; et, pour cela, plaçons-nous par la pensée aux différentes époques de l'opération, et, s'il se peut, mettons-nous au lieu et place des intéressés, car c'est le meilleur moyen de se rendre compte de ce qui se produirait.

Constatons, tout d'abord, que son effet immédiat serait de faire élever les prix ; c'est un résultat sans conteste, et que beaucoup apprécieraient même comme un bien, en raison de l'abaissement excessif des cours actuels.

Les classes ouvrières elles-mêmes accepteraient cette hausse comme un acte de justice, si elle ne devait servir qu'à diminuer le prix du pain dans les années de disette en proportion de son enchérissement immédiat, car il n'est pas un seul homme intelligent et honnête qui ne reconnaisse qu'il vaudrait beaucoup mieux avoir moins de variations dans le prix des subsistances premières.

Mais l'action de la mesure projetée aurait-elle cet effet et n'aurait-elle pas d'autres conséquences ?

Mettons-nous un instant à la place du boulanger obligé d'augmenter son fonds de réserve, et demandons-nous comment il envisagerait la mesure à son point de vue personnel, et, par suite, quel concours et quelles dispositions il apporterait à son accomplissement.

Son sentiment ne saurait être douteux selon nous, il éprouverait une certaine inquiétude sur les conséquences financières de l'opération pour lui ; car, sans cela, il n'attendrait pas, pour l'entreprendre, qu'elle lui fût imposée par l'autorité.

Quand pourra-t-il, en effet, commencer l'écoulement de cette réserve, et combien de temps supportera-t-il la perte d'intérêts du capital engagé? peut-il même avoir quelque certitude qu'il rentrera un jour complétement dans tous ses déboursés, s'il attend les années de cherté pour imputer sur le prix du pain tout ou partie des frais que lui occasionnera cette mise de fonds ?

Nul n'oserait le lui affirmer; car, outre que les disettes sont maintenant bien atténuées par les progrès qu'on a fait faire aux cultures, il faut ajouter que la facilité des moyens de transports et des achats à l'étranger ne les laisse plus parvenir à une gravité extrême.

Il suffit, pour se rendre compte de cette situation nouvelle, de se rappeler ce qui s'est passé dans nos contrées en 1853. Chacun se souvient que bon nombre de cultivateurs ont été obligés de couper une partie de leur récolte avant sa maturité complète, parce qu'il n'y avait plus aucuns blés dans les greniers. Et cependant les prix sont restés bien inférieurs à ceux de 1847 et 1848, époque à laquelle pourtant on n'a pas eu recours à une récolte anticipée, et ce, parce que la spéculation, avertie par les faits précédents, a évité de pousser ses achats aussi loin, dans la crainte que les apports de lé'tranger ne vinssent encore déprécier la vente d'acquisitions faites à des prix exagérés.

Disons donc que le boulanger, si la taxe ne lui tenait pas compte immédiatement des frais de la réserve, tendrait néanmoins à les récupérer au fur et à mesure qu'ils se produiraient, sans attendre l'époque de son écoulement, et que, par suite, le pain subirait, outre l'augmentation du prix du blé provenant de l'achat des approvisionnements, une seconde augmentation représentative des frais causés par le capital engagé et par ceux de garde et de manutention.

Croire que les capitaux se porteraient avec empressement et à bon compte vers cette opération est une erreur ; car, si l'on a vu des villes et des particuliers offrir des dons pour alléger le prix des subsistances achetées par les classes pauvres, on n'a pas encore vu, que je sache, des personnes se livrant à une opération commerciale et y limitant leurs bénéfices le plus possible. Elles obéissent en cela à un sentiment gravé trop avant dans le cœur humain pour qu'on n'en tienne pas compte. Chacun, en effet, désire que le bien qu'il fait apparaisse de suite aux yeux de l'opinion publique ; or, celle-ci qui, se montre plus ou moins reconnaissante des dons complets, ne saurait jamais apprécier une simple restriction sur les profits possibles.

Prenons donc les hommes comme ils sont, et sachons reconnaître que si l'on trouve même des spéculateurs disposés à rendre à Dieu ce qu'ils ont pris au monde, on ne trouve que peu, ou pas de personnes, limitant, par amour du prochain, les gains qu'elles peuvent faire.

Ainsi, il n'y a pas à se faire d'illusion, il n'y aurait de capitaux particuliers à s'engager dans cette opération que ceux de spéculateurs vrais et qui voudraient en avoir le profit complet comme les inconvénients. Par suite, leur action sur le prix du pain serait entière et sensible.

On pourrait bien, par la création de caisses spéciales, reporter sur les communes, comme cela a lieu à Paris, la responsabilité de l'opération financière, ce qui diminuerait le coût des capitaux ; mais alors la vente du pain, se faisant, à vrai dire, pour le compte de cette caisse, exigerait un capital plus considérable, d'une part, pour les frais d'administration supplémentaire, et surtout parce que dans ce cas les boulangers n'auraient plus autant d'intérêt à réduire le prix officiel de leurs achats, puisque la taxe leur en tiendrait compte quel qu'il fût, et l'administration leur en avancerait les fonds. Pourrait-on même affirmer qu'un plus ou moins grand nombre de boulangers ne se montreraient pas *coulants* sur ces prix, comme moyen d'obtenir dans la livraison, ou par tout autre procédé non apparent, des avantages plus graves encore ?

Or, comme il est identique d'avoir plus de capitaux payant un intérêt peu élevé, ou d'en avoir moins coûtant plus cher, il faut reconnaître que dans tous les cas la dépense du capital à engager dans l'achat de la réserve serait la même et qu'elle dépasserait le prix ordinaire des fonds employés dans les opérations commerciales.

Plaçons-nous maintenant à une époque de cherté suffisante pour autoriser l'emploi de la réserve.

Croit-on que le boulanger s'empresserait d'utiliser son approvisionnement pour faire baisser les cours, ou bien n'y aurait-il pas à craindre, au contraire, qu'il n'en profitât pour laisser la hausse s'aggraver, si même il ne la favorisait, afin d'écouler sa réserve au plus haut prix possible ?

Qui pourrait affirmer, par exemple, que les boulangers ne feraient pas acheter, au marché régulateur des taxes, un sac de marchandise pour deux de la réserve qu'ils emploieraient, et que, dans cet achat, ils ne se montreraient pas faciles pour ne rien supposer de plus, à adhérer aux demandes exagérées d'un vendeur, lorsqu'ils devraient y trouver eux-mêmes un avantage évident ?

Je me demande même comment il serait possible au boulanger le plus consciencieux d'apprécier exactement où commencerait la fraude dans ce cas, car rien de plus naturel que d'apparaître sur le marché régulateur, comme aussi d'y limiter ses achats lorsque les cours sont élevés; et pourtant si les opérations continuaient à s'y faire en hausse par suite d'acquisitions non obligatoires, le boulanger y trouverait, pour l'écoulement de sa réserve, des bénéfices bien tentants pour qu'au lieu d'agir dans le sens de la baisse, il ne travaillât pas à la hausse.

Je ne crois pas, pour mon compte, à un assez grand dévouement des boulangers au bien-être public pour penser qu'ils ne profiteraient pas le plus possible de la situation.

L'autorité ne le croit pas non plus, car la taxation du pain n'a jamais eu d'autre but que de ne pas laisser trop rançonner le public. Mais ce serait une bien grande illusion que de croire à son efficacité, surtout depuis quelques années, comme moyen d'empêcher les abus ; et je crois pouvoir, à cet égard, citer des faits certains et concluants.

J'ai eu l'honneur d'être Maire de la ville du Mans de 1849 à 1854, période qui n'a pas manqué d'enseignements au point de vue qui nous occupe, et je me suis beaucoup occupé, soit personnellement, soit avec le Conseil municipal, ou au sein de commissions spéciales, de la question des subsistances et de leur taxation. Tous nous avons reconnu notre impuissance à l'établir d'une manière un peu exacte.

Et, sans approfondir cette question qui mériterait une étude à part, je dirai quelques mots des moyens que nous avons vu employer pour altérer la vérité des taxes.

Le premier, le plus vulgaire, est la diminution dans le poids du pain, fraude que la loi du 27 mars 1851 a été complétement impuissante à réprimer dans nos contrées, au moins quant à celui vendu aux classes aisées.

Le boulanger y trouve un bénéfice qui peut varier de 1 à 10 p. 0/0, suivant la nature du pain vendu. Evidemment l'administration n'y peut rien de plus que ce qu'elle fait, car la surveillance de la police à cet égard est aussi active que possible ; mais le mal ne pourra cesser que lorsque le public voudra user de la loi en contrôlant tous ses achats.

Après ce moyen, vient le défaut de cuisson, puis le mélange de farines d'une qualité inférieure avec celles que les règlements prescrivent pour chaque nature de pain, et qui peut donner aussi un profit variant de 1 à 10 p. 0/0.

Il n'y a pas une seule personne qui n'ait remarqué que son pain est moins beau et moins cuit quand la taxe administrative ne donne pas aux boulangers le prix de vente qu'ils désirent, et chacun avouera qu'il est à peu près impossible de réprimer administrativement ou judiciairement ces procédés, tant qu'ils ne sont pas exagérés outre mesure.

Nous disons procédés, et non manœuvres, parce que notre conviction est que bien souvent, au début du moins, les boulangers ont été amenés à ces moyens par des mercuriales erronées et lorsqu'ils se trouvaient réellement atteints dans leurs intérêts.

Nous ne voulons pas dire non plus qu'une fois le moyen créé, on ne s'en soit pas servi sans avoir la même justification.

Mais continuons : les prudhommes chargés d'enregistrer les ventes pour la mercuriale, se sont plaints souvent de tromperies dans les déclarations et qui se produisaient sous différentes formes, que l'on ne peut affirmer avoir toutes découvertes.

Ainsi, en leur faisant connaître le prix d'une vente, on leur cachait que comme mode d'exécution le vendeur, soit à un titre, soit à un autre, fournirait une mesure complémentaire pour parfaire un certain poids. On est allé jusqu'à faire livrer sous la halle des blés achetés dans les fermes et que l'on faisait enregistrer à un prix de vente bien supérieur à la réalité. Des condamnations judiciaires ont eu lieu pour un ou deux cas de ce genre, mais qui évidemment ont dû être plus nombreux.

Les prudhommes et l'Administration n'avaient, comme moyen de contrôler ces ventes, que leur appréciation personnelle du prix vrai ; mais sur quoi alors baser cette appréciation? dans quelle limite fallait-il accueillir les transactions de chaque marché ? Qui peut le dire, et alors qui oserait affirmer l'utilité de mercuriales opérées dans de pareilles conditions ?

La taxe n'est donc point une vérité ; j'ajouterai qu'elle l'est moins aujourd'hui qu'autrefois, et la raison me paraît facile à montrer.

Jadis, la boulangerie achetait des cultivateurs tout le blé dont elle avait besoin, et les transactions s'accomplissaient en totalité dans les marchés publics, entre vendeurs et acheteurs ne se connaissant pas ou peu.

Toute entente était donc plus difficile, en raison même du nombre des intervenants ; mais, de plus, comme les vendeurs surveillaient les premières ventes au fur et à mesure de leur enregistrement pour les mercuriales, afin de se rendre compte du prix auquel ils devaient offrir leur marchandise, toute déclaration exagérée eût amené immédiatement une hausse sur les autres achats à faire par la boulangerie, et, dès lors, à moins d'une entente entre tous les cultivateurs présents et tous les boulangers, on n'avait pas à craindre d'altération dans cette base de la taxe.

Les choses se passent-elles de même aujourd'hui? Nullement. La meunerie tend à se substituer à la boulangerie pour les achats de blés, et y est déjà arrivée pour tous les centres un peu importants. Il y a plus, dans notre ville et dans un grand nombre d'autres localités, elle fournit au boulanger sa farine à façon seulement, c'est-à-dire que le fabricant de pain obtient du meunier toute la farine dont il a besoin, sous la condition de lui rapporter tout le produit de la vente du pain d'après la taxe, moins seulement un prix convenu d'avance qu'il conserve pour façon de la marchandise.

Ainsi, tandis qu'autrefois la meunerie se bornait à prélever une mesure déterminée sur chaque mouture, ce qui maintenait intacte la relation entre le prix du blé et celui du pain ; elle intervient aujourd'hui dans la taxe, d'une part, en ajoutant au prix du blé et à la dépense de sa transformation en farine tous les bénéfices qu'elle peut en tirer en outre, à titre de spéculation, et enfin, en supprimant le plus qu'elle peut l'intervention du boulanger, ou, au moins, en lui ôtant tout intérêt à une baisse dans le prix du pain.

Somme toute, et sans pousser plus loin cet examen, il faut reconnaître qu'aujourd'hui les intervenants aux ventes régulatrices des taxes sont moins nombreux, se connaissent mieux et peuvent s'entendre plus facilement pour arriver à faire que les mercuriales adoptées par l'autorité leur soient plus profitables.

C'est même cette facilité pour les boulangers à faire aujourd'hui varier le prix du pain suivant leur intérêt, qui explique pourquoi il est toujours plus cher là ou le nombre des boulangers est limité. Les fonds étant alors vendus en raison d'une plus-value motivée sur cette limitation, l'acquéreur est amené à développer les procédés de fraude pour arriver à rentrer dans ce déboursé non prévu à la taxe, et il y parvient toujours; le plus souvent, du reste, par la diminution dans le poids du pain vendu aux classes riches ; car, quant à croire que la surveillance administrative préserve de toute entente, nous avons fait voir par quelques exemples ce qu'il en faut penser. Nous pourrions d'ailleurs invoquer à cet égard l'opinion même de notre autorité départementale, qui, après avoir reconnu que les mercuriales basées sur les transactions de nos marchés étaient complétement erronées, a décidé que maintenant ce seraient les cours de la halle de Paris qui serviraient à fixer le prix du pain au Mans, et, par suite, dans une partie de l'arrondissement.

Ce serait, certes, beaucoup mieux si cette halle était à l'abri de toutes influences non avouables ; sinon, en diminuant le nombre des ventes régulatrices, on aurait aggravé le mal au lieu de le restreindre.

Pour nous, qui croyons que les spéculateurs sont les mêmes dans tous les pays, notre conviction bien intime est que les taxes sont maintenant tout ce qu'il y a de plus erroné, et qu'en réalité ceux qu'elles veulent atteindre arrivent à s'y soustraire presque complétement.

Ces vérités sont tellement patentes, que bien des personnes regarderaient la liberté des prix comme préférable à l'état actuel. Sans examiner cette question, nous dirons toutefois qu'il ne faudrait pas l'admettre sans transition, ou, au moins, sans préparation, car la liberté n'est vraie que lorsque la situation de l'acheteur est égale à celle du vendeur ; or, si l'on peut se priver, ou au moins ajourner l'achat d'une étoffe lorsquelle paraît trop chère, il n'est pas possible d'agir de même pour sa subsistance.

Disons, néanmoins, que si on ne veut pas supprimer les taxes du pain, il y aurait au moins à les reviser, pour leur donner des bases plus certaines, sinon un caractère tout différent.

Concluons aussi que toute charge, tous frais imposés à la boulangerie, se traduisent nécessairement en une élévation immédiate du prix du pain, ou en une diminution de sa qualité, sans que l'administration puisse s'y opposer.

Cette conséquence nous paraît si logique que nous n'oserions même pas la blâmer et que nous n'y voulons constater qu'une chose, le coût élevé d'une réserve mise entre les mains des boulangers, surtout si la disette se faisait attendre longtemps ; ce qu'il faut espérer, et ce vers quoi chacun doit diriger ses efforts.

Nous sommes amenés naturellement par là à faire cette réflexion : qu'il se pourrait que les blés et farines, ainsi mis en réserve, revinssent à plus cher que ceux qu'on s'est procurés ces dernières années et qu'on se procurerait encore, sans doute, par la seule suppression de l'échelle mobile.

Et aussi à dire que, quelles que soient les appréciations des avantages commerciaux d'une mesure semblable comme moyen de procurer des bénéfices lors de la revente des réserves, il serait sage de ne pas attendre cette époque pour tenir compte aux boulangers, dans la taxe, des frais de leurs approvisionnements.

Mais alors il ne faut pas se dissimuler que cette mesure, qui serait, dit-on, commerciale, aurait bien de la peine à se maintenir dans ce cercle.

Ainsi, faire avancer des fonds aux boulangers par les municipalités exigerait la création de magasins de dépôt surveillés; leur tenir compte de suite, dans la taxe, des frais de leurs approvisionnements, conduirait à régler aussi les bénéfices à faire lors de l'écoulement, et pour cela à intervenir dans toutes les opérations d'achat.

Ne serait-on pas vraiment amené à substituer partout l'initiative de l'administration à celle du boulanger, et quelle différence, dès lors, y aurait-il entre ces réserves et celles dites administratives, si justement critiquées dans la circulaire?

On ne peut évidemment pas se dissimuler cette conséquence et il nous faut bien en tenir compte dans nos appréciations.

Ne serait-on pas, d'ailleurs, amené par la force des choses à développer les moyens d'action de l'autorité et à utiliser les caisses destinées à faciliter les achats, pour chercher à compenser, mieux encore que par la réserve, les années de cherté avec celles d'abondance?

Rien de plus rationnel, en effet, et nous dirions même de plus sage et de plus équitable, si en pratique les choses devaient se passer comme en théorie, que d'établir sur le pain une surtaxe pendant le bas prix du blé, afin de pouvoir, dans les années de cherté, établir sa vente au-dessous des cours de la farine.

Ce moyen, employé à Paris, y réalise, il paraît, jusqu'à un certain point, ce report désirable des années calamiteuses sur celles d'abondance. Nous serions surpris, toutefois, qu'elle ne fût pas accompagnée déjà d'inconvénients et d'abus qui se développeront avec le temps, et qui en restreindront singulièrement les avantages.

Mais cette mesure, praticable plus ou moins utilement dans un grand centre, quels désordres n'enfanterait-elle pas si elle était appliquée plus largement?

Il faudrait ne pas connaître la manière de vivre de nos populations pour ne pas comprendre que lorsque le pain se vendrait au-dessous de son rapport avec le prix du blé, les cultivateurs en feraient acheter à la boulangerie tarifée, et que par contre, lorsqu'il serait plus cher, chacun s'empresserait de cuire à des fours communs ou clandestins, et que ce serait entrer dans un dédale inextricable de fraudes et de récriminations, en même temps que de ruine pour les caisses de la boulangerie, et, par suite, pour les finances municipales.

N'insistons pas davantage sur ce point, car ce serait douter de la sagesse de l'autorité, que de croire qu'elle tentera une pareille épreuve qui serait si vite suivie d'un immense désastre.

Les caisses compensatrices ne seraient utilisables qu'avec la suppression de tous les fours particuliers, ce qui ne serait plus seulement substituer le gouvernement aux boulangers, mais entreprendre de nourrir toutes les populations administrativement.

Quelques moyens qu'on emploie pour réaliser cette réserve, elle serait donc éminemment dispendieuse; car, pour nous, peu importe que le public paie directement ou par la voie des caisses municipales, et nous ne séparons pas es frais de surveillance ou indirects de ceux à mettre au compte de la mesure.

Mais ce résultat déjà grave se trouverait de beaucoup dépassé, si nous nous plaçons par la pensée à une époque de disette.

Chacun sait, parce que le passé nous l'apprend, que les années de récoltes insuffisantes pour nourrir la population ne se produisent jamais isolément; d'où résulte qu'un approvisionnement de trois mois serait loin d'offrir une sécurité entière pour l'avenir et qu'il faut prévoir la nécessité de recourir encore aux blés étrangers.

S'il doit en être ainsi, demandons-nous quel est le spéculateur qui se mettrait en mesure de faire des achats au dehors, tant que la réserve ne serait pas épuisée. Est-il possible de croire que quelqu'un s'exposerait à importer des céréales tant qu'il aurait à craindre de voir les prix de sa marchandise avilis par l'autorisation accordée à la boulangerie d'employer cette réserve.

Qu'on veuille bien se mettre un instant en face de cette situation et on reculera d'effroi devant la conséquence de cette sorte de menace, de cette arme destinée, car c'est bien son but, à servir d'obstacle aux prix élevés. Que l'on consulte tous les spéculateurs, ou mieux, que l'on se suppose à leur place, et l'on reconnaîtra que la réserve projetée serait une entrave, un obstacle aux apports de blés étrangers.

Il ne faut pas même se reporter bien loin en arrière pour trouver des faits qui justifient cette appréciation ; car, lorsque l'on a commencé à suspendre les droits régulateurs des introductions de farineux, on a constaté bien vite que la crainte de les voir rétablir trop promptement suffisait pour empêcher la spéculation de faire des achats à l'étranger.

Comment ne pas croire alors que la possibilité de voir la réserve apporter un tempérament dans les prix au moment des ventes, n'entraverait pas largement les apports de l'extérieur?

Ce ne serait donc qu'après avoir eu la certitude de l'épuisement de la réserve que l'on s'occuperait activement de faire des achats au dehors, et comme leur résultat ne pourrait se faire sentir de suite, il y aurait un moment de hausse extrême que la boulangerie aurait intérêt à favoriser par des achats ménagés de manière à se procurer l'écoulement le plus favorable possible de ses approvisionnements.

On atténuerait peut-être l'action de la boulangerie en intervenant administrativement pour régler l'emploi de la réserve ; mais qui ne voit que plus on retranche à l'initiative du boulanger, plus on complique la situation? En lui ôtant tout intérêt à l'écoulement opportun de ses farines, on lui empêcherait sans doute d'agir en hausse, mais aussi la réserve devenant tout à fait administrative bouleverserait toutes les transactions particulières, et c'est alors qu'il est bien certain qu'aucun apport ne se ferait de l'étranger, à moins que le gouvernement n'y pourvût aussi directement.

Disons donc qu'une réserve placée chez les boulangers et sous l'impulsion de l'autorité, pourrait produire la disette au lieu de l'empêcher, ou, tout au moins, causerait une grande exagération dans les prix en retardant l'arrivée des céréales étrangères, et en favorisant ainsi la spéculation au dedans.

Plus l'on sonde cette situation à ce point de vue, et plus l'on voit apparaître de difficultés pratiques, et, en fait de subsistances, l'incertitude, l'hésitation du pouvoir, quelque forme qu'elle prenne, amène la panique et par suite la cherté.

Ne faut-il pas se préoccuper aussi de la responsabilité qui pèserait sur les administrations municipales dans le cas de disette, et qui réagirait sur le gouvernement?

A quel degré de hausse des blés, autoriserait-on l'emploi des réserves ?

Si on y recourait trop vite, elles n'auraient plus leur raison d'être, et si on attendait une élévation un peu forte des prix, les populations imputeraient à faute, à l'autorité, toute augmentation qu'elle pourrait faire cesser par l'emploi des approvisionnements, sans jamais comprendre l'utilité d'attendre si longtemps.

Laisserait-on les boulangers libres de dépenser leurs farines, quand et comme bon leur semblerait, ou interviendrait-on pour en régler l'écoulement?

Il y aurait lieu de craindre que dans le premier cas les réserves ne se transformassent, ainsi que nous l'avons montré, en un moyen de favoriser la hausse, en sorte que l'on ne soustrairait point, par là, le gouvernement à la responsabilité qu'il prendrait également par son intervention dans le mode d'emploi de la réserve.

Enfin, si on était amené, comme nous le croyons, à créer presque partout des magasins généraux, ce serait autant de machines propres à faire faire explosion aux passions populaires dans les moments de cherté des subsistances, toujours si difficiles à passer.

N'oublions pas à cet égard ce qu'enseignent les vieux proverbes que l'on appelait autrefois la sagesse des nations. Ils nous disent que : Ventre affamé n'a pas d'oreilles; et que : Les chevaux se battent lorsque le foin manque au râtelier.

Pour nous, la création de vastes magasins de ce genre nous produirait l'effet d'une poudrière installée au milieu d'un centre de population.

Dans notre intime conviction, nous pensons donc que toute réserve, dirigée ou même simplement surveillée par l'administration, est pleine de dangers, et que, dans tous les cas, celle projetée conduirait au résultat opposé à celui qu'on désire, c'est-à-dire que, balance faite de tous les frais, elle coûterait plus cher que de subir les effets de la simple liberté du commerce.

Cependant nous reconnaissons, comme tout le monde, qu'il serait à désirer qu'on pût se mettre à l'abri des disettes, ou, au moins , éviter une trop grande cherté des subsistances premières, et pour cela que dans les années où les blés sont abondants, il peut en être mis en réserve avantageusement pour les années où les récoltes sont insuffisantes.

Mais comment doit-il être procédé à une mesure de cette nature?

Il faut, par-dessus tout, qu'elle soit réellement et exclusivement commerciale ; ce n'est qu'à cette condition que l'on peut espérer que les approvisionnements, faits dans les temps favorables, n'apporteraient pas, sur les marchés, de perturbation aggravant les prix, et n'entraveraient pas les apports de l'étranger s'il y avait lieu d'y recourir, mais, au contraire, s'emploieraient assez à temps pour n'avoir pas à redouter leur concurrence.

Nous verrions donc, sans trop d'effroi, des spéculateurs spéciaux faire des achats dans ces temps-ci, avec l'espérance de les vendre lorsque les prix seraient relevés.

Disons, toutefois, que s'ils opéraient sur des quantités suffisantes pour garantir l'avenir, ils ne le feraient qu'à des conditions fort onéreuses pour le public, en raison des frais de toute nature que cette opération exigerait, et qu'il ne faut pas trop désirer leur intervention.

Ce qui nous paraîtrait le plus avantageux à tous points de vue, ce serait que, quelle que fût l'importance de ces réserves, elles fussent faites par le cultivateur.

Pour lui, les difficultés de préservation en se subdivisant diminuent d'importance et de coût, en sorte que, quelle que soit sa disposition à bénéficier, il vendrait toujours, néanmoins, son approvisionnement à de meilleures conditions que les spéculateurs spéciaux.

En outre, dans cette hypothèse, le cultivateur, n'étant plus autant obligé de vendre au-dessous du prix de revient, serait moins découragé et ne diminuerait plus sa production qu'avec ménagement.

Enfin, comme il connaîtrait mieux ainsi l'état des blés existants, il saurait le moment où il doit développer ses moyens de culture. Finalement, il apprendrait par là à n'avoir ni trop de crainte ni trop de confiance en l'avenir, et, il faut le dire, cet enseignement aurait plus d'influence qu'on ne le croit généralement sur l'atténuation des disettes.

En effet, ce n'est pas seulement en diminuant le nombre de ses ensemencés, ce qui, à nos yeux, serait beaucoup moins grave, que le cultivateur restreint sa production de blés, c'est surtout, dans nos contrées du moins, par l'amoindrissement des soins de toute nature qu'il donne à ses cultures, et notamment par une suppression notable dans les engrais et les amendements de toute espèce.

La conséquence forcée est que, si les terres, loin de se montrer épuisées par des récoltes surabondantes, continuent à en produire de suffisantes plusieurs années encore après, comme conséquence des améliorations antérieures ; par contre, elles sont ensuite ramenées à un état de nature qu les rend beaucoup plus sensibles aux intempéries des saisons, et ne permet plus de les faire revenir à leur productivité précédente qu'après plusieurs autres années.

Je ne crois pas que parmi les personnes qui s'occupent d'agriculture il y en ait qui diffèrent d'opinion sur ce mode d'influence sur la production du blé, et sur cette cause de la périodicité des disettes.

Et, s'il en est ainsi, il y aurait donc un grand, un immense intérêt à favoriser des réserves de blé chez le producteur, non pas seulement parce qu'elles y seraient à de meilleures conditions, mais surtout parce que le profit qu'il y trouverait aurait comme résultat d'éviter chez lui un découragement qui agit sur les récoltes à venir, même après le moment où il voudrait en arrêter les effets.

Bien des personnes, nous croyons, seraient de notre avis, si nous pouvions en même temps donner aux cultivateurs les capitaux suffisants pour leur permettre de réserver ainsi leurs produits et de ne les vendre que lorsque les prix leur sembleraient suffisamment rémunérateurs.

Ce n'est, en effet, ni la difficulté de préserver ses produits, au moins quant à présent, ni la crainte d'une baisse plus grande, qui a fait vendre à perte depuis la récolte ; c'est uniquement la nécessité de payer soit les fermages échéants ou arriérés, soit les engrais achetés pour les produire, soit toutes autres dettes. La préservation eût été au moins tentée par un plus grand nombre, car elle réussit déjà chez bien des producteurs, si les agriculteurs avaient des capitaux suffisants pour conserver des blés sans entraver leurs cultures.

Voyons donc ce que l'on pourrait essayer dans cette voie :

Il est un premier moyen dont nous connaissons des exemples, et qui, plus répandu, nous paraîtrait devoir produire des résultats sérieux, sinon suffisants, c'est la faculté accordée

par le propriétaire au fermier de retarder le paiement de ses fermages en en servant l'intérêt.

Cette mesure, qui apparaît au premier abord comme une aggravation imposée au fermier, est, en réalité, un avantage, car mieux vaut pour lui, dans bien des cas, payer un intérêt que de solder le fermage. Or, dans le cas de vilité des prix du blé, le propriétaire consentira, sans grande difficulté, à un retard de paiement suivi d'intérêt, tant qu'il saura le blé chez son fermier, car lui aussi trouve avantage à ne pas le décourager.

C'est donc un premier moyen à propager.

Voyons maintenant les procédés recommandés dans la circulaire ministérielle, pour favoriser la réserve chez les boulangers.

C'est, 1° un appel aux capitalistes; 2° l'emploi des warrants; 3° enfin, les subventions municipales.

Et bien, sans discuter la valeur de ces divers procédés, n'est-il pas évident qu'ils pourraient, sans grande difficulté, être employés vis-à-vis des cultivateurs?

Qu'est-ce qui empêche que des fonds ou des garanties puissent leur être offerts par les communes, les villes ou les administrations financières, avec imputation sur les produits? Dût-on, comme début, avoir un inspecteur permanent des réserves, à la charge des bailleurs de fonds, et dût-on aussi accorder sur le mobilier agricole un privilége au prêteur, auquel il serait justifié, par suite, du paiement des fermages échus, que toutes ces mesures et bien d'autres qu'un examen plus approfondi ferait sans doute découvrir, atteindraient déjà le résultat désiré.

Disons donc, en finissant, que c'est chez les cultivateurs seulement qu'il faut favoriser des réserves; qu'elles y sont faciles en leur donnant la possibilité de vendre à leur convenance, soit au moyen de baux autorisant les retards de paiement des fermages, avec stipulation d'intérêts moratoires, soit, à défaut du propriétaire, en leur prêtant des fonds, ce qui peut se réaliser en consacrant le principe d'une garantie spéciale pour ces prêts, garantie qui peut être offerte facilement, puisque dans ce cas le propriétaire n'a plus les mêmes éventualité et utilité de recours sur leur mobilier.

Disons mieux : bien des cultivateurs sont aujourd'hui propriétaires et auraient à offrir en garantie des prêts, outre les céréales, non-seulement du mobilier, mais aussi leurs immeubles. Il ne faudrait, pour atteindre ce résultat, qu'autoriser la réalisation des prêts sans formalités onéreuses. Il y a déjà eu plusieurs mesures d'adoptées pour procurer cet avantage aux cultivateurs, et il n'y aurait, dès lors, qu'à en appliquer le principe en le développant.

Ce serait s'abuser toutefois sur le rôle et la valeur de ces approvisionnements, que de croire que même chez le cultivateur il faudrait pousser à des réserves importantes. Si nous voyons avantage à le faire entrer dans cette voie, c'est surtout comme moyen de lui inculquer davantage un esprit ou au moins une possibilité de suite dans la culture des céréales.

Mais, quant à l'efficacité directe d'une réserve prolongée et importante, c'est une illusion ; et pour moi, je n'hésite pas à dire que le meilleur moyen de parer aux disettes, c'est surtout d'apprendre *non à conserver, mais à consommer de suite*, les récoltes les plus abondantes.

Si l'on se reporte en effet aux nombreuses études qui ont été faites sur le sol cultivable en France, on reconnaît qu'il serait suffisant et au delà, pour produire, chaque année, les blés nécessaires à l'alimentation de tous ses habitants. Nous disons, dès lors, que si nous avons des années de disette, c'est uniquement parce que le plus grand nombre des cultivateurs, lorsqu'ils sont encombrés de céréales, diminuent leurs ensemencés et négligent d'entretenir la productivité du sol.

Nous insistons sur ce dernier point, mal apprécié de bien des personnes qui croient qu'une terre peut produire en raison des engrais et des amendements qu'on lui donne immédiatement avant de l'ensemencer, tandis qu'il est constant qu'il n'y

a que le sol préparé de longue main qui donne des récoltes
certaines. Des engrais trop abondants, mal mesurés, donnent
presque toujours des produits étiolés, plus sensibles aux intempéries et souvent de mauvaise qualité.

Quels que soient les avis sur la productivité de notre sol,
on ne nous contestera pas au moins que si nous avons maintenant moins à nous plaindre des disettes qu'autrefois, nous le
devons en majeure partie aux perfectionnements apportés à
l'instrument producteur, aux cultures. Ils est donc évident
que si les agriculteurs, loin de suspendre l'amélioration du sol
dans les années d'abondance, continuaient à développer les
bonnes méthodes de travail, nous serions par là *plus assurés*
de voir les récoltes à l'abri des intempéries du temps.

On conviendra bien également que, lorsqu'il y a beaucoup
de céréales, le cultivateur restreint ses ensemencés. (Nous
entendons dire qu'ils seront cette année d'un sixième en
moins.)

Ce ne sera pas non plus aller au delà du vrai que d'ajouter
que les ensemencés, et les améliorations de toute nature, iront
en diminuant tant que le blé ne se vendra pas à un prix rému-
nérateur.

Que l'on veuille bien ensuite se rendre quelque peu compte
de l'action de ces deux moyens d'agir sur la production des
céréales et on sera bien près alors de reconnaître avec
nous que, tout en tenant compte des intempéries, nous serions
bien probablement, sinon certainement, à l'abri des disettes, si
nous pouvions procurer aux cultivateurs l'écoulement annuel
de tout, ou au moins de la majeure partie de leurs céréales ;
car, nous ne saurions trop le redire, la périodicité des années
où les céréales font défaut éclaire sur leur cause vraie qui est,
selon nous, due presque exclusivement à la suspension périodi-
que des soins donnés aux cultures.

Nous ne voyons même pas, pourquoi une fois certains de
l'écoulement de toutes leurs récoltes, les cultivateurs n'arri-
veraient pas à produire le blé d'une manière assez abondante

pour que, même dans les années défavorables, il n'y en eût pas encore suffisamment pour assurer, sans apports de l'étranger, la subsistance des populations.

Et c'est alors que l'on aurait réellement pourvu d'une manière aussi certaine qu'économique aux éventualités du temps.

C'est donc dans l'insuffisance des débouchés qu'est le mal, et c'est à en découvrir de nouveaux qu'il faut s'appliquer.

Je ne chercherai pas à entrer dans l'examen complet des moyens d'emploi, parce qu'ils peuvent varier à l'infini et qu'à cet égard les appréciations, les études à faire, doivent prendre pour base les vues de l'autorité, afin qu'elle puisse y donner toute sa confiance et tout son appui. Toutefois rappelons, d'une part, que c'est bien moins à se soustraire aux intempéries du temps qu'il importe de pourvoir, qu'à sortir du cercle fatal dans lequel nous ont enfermés nos agriculteurs par la diminution, dans les années d'abondance, des soins apportés aux cultures, pour les reprendre et les pousser à l'excès lorsque les céréales viendront à faire défaut.

Reconnaissons ensuite que la liberté du commerce des farineux est complétement insuffisante pour donner à la production du blé cette régularité qui ferait la sécurité de nos populations, car aujourd'hui cette liberté est entière et il n'y en a pas moins engorgement de produits.

Quant au procédé des mises en réserves, qu'on me permette de dire de nouveau qu'il conduit au résultat diamétralement opposé à celui qu'on doit en attendre.

Comment pourrait-on, en effet, amener les cultivateurs à reprendre ou même à continuer leurs soins pour tirer de leurs terres le plus de produits en blé possible, tant qu'ils sauraient qu'à côté d'eux il existe des approvisionnements qui rendent inutiles toute production abondante ?

Cette conséquence nous paraît si naturelle, que nous n'osons pas y insister, persuadé que l'on sera amené comme nous à trouver que le meilleur moyen d'assurer l'écoulement de tous les produits et de maintenir par suite l'entretien et le développement des cultures, qui est la vraie sauvegarde contre les disettes, c'est de les dépenser sur place. Au lieu donc d'emmagasiner, il faut chercher à consommer davantage, et pour cela, *favoriser au lieu d'empêcher l'emploi des céréales à tous usages*, à la nourriture des animaux, comme aux besoins variés de l'industrie.

Quoi ! nous dira-t-on, vous voulez admettre les animaux et l'industrie à faire concurrence à l'homme pour sa nourriture ? Y pensez-vous ? Ce sera faire augmenter au lieu de diminuer le prix du blé.

Je suis convaincu du contraire ; mais lors même qu'il devrait en être ainsi, il faudrait ne pas oublier non plus que quelle que soit l'influence de cette pratique sur les prix habituels, elle aurait au moins servi à assurer l'existence du produit, ce qui doit passer avant tout.

Quelle que fût d'ailleurs son action, il faut reconnaître que c'est moins encore le bas prix du blé qu'il faut rechercher que d'éviter l'excès contraire, et qu'en matière de subsistances c'est surtout une certaine uniformité des prix qu'il faut désirer parce que, quels qu'ils soient, les salaires et tous les autres prix viendraient bien vite se régler sur lui.

Il ne faut pas non plus s'exagérer les résultats, car, en ce qui concerne l'industrie, par exemple, elle recherche des matières premières à bas prix, et ses efforts pour arriver à cette situation viendraient contre-balancer, au moins, les effets de son intervention dans les achats ; ils auraient même comme conséquence bien probable, selon nous, en cas d'insuffisance de nos produits, de créer un courant d'apports étrangers qui régulariserait les cours. Nous venons de voir ce résultat se produire pour la seule alimentation momentanée des personnes, aussitôt que ce commerce a été rendu libre. N'est-il pas certain alors, que dès que les prix viendraient à monter, l'on verrait s'organiser des apports considérables de l'extérieur ? Ne sait-on pas aussi que dès qu'une matière première devient trop chère, l'industrie diminue ses achats ou arrive même à les supprimer, et qu'il ne faut pas réellement s'effrayer de son intervention?

Quant à l'emploi des céréales à la nourriture des animaux de ferme, n'y aurait-il pas tout profit à entrer dans cette voie, car, lorsque surviendraient des années moins productives, n'est-il pas certain que dès qu'ils deviendraient trop coûteux à nourrir, on les livrerait eux-mêmes à la consommation, ce qui viendrait en atténuation de la cherté des blés ?

Quels profits n'eût-on pas retirés de cet usage cette année-ci, en soustrayant à une destruction inutile des quantités importantes d'animaux que l'on ne pourra d'ici longtemps remplacer pour la culture des terres, dont on va, par là encore, négliger le bon entretien et diminuer la productivité?

Nous connaissons des personnes qui ont agi de cette manière et qui y ont conxtaté une économie considérable pour la nourriture de leurs bestiaux.

Malheureusement nos lois et l'opinion publique résistent à cet emploi des céréales, et pourtant quelle différence y a-t-il entre faire sortir nos céréales de France, ce que tout le monde trouverait être un bien, ou les employer à tous usages à l'intérieur ; et qu'est-ce après tout que la consommation sur place, quelle qu'elle soit, sinon une liberté plus grande accordée au commerce des blés ?

Appliquons-nous donc à dépenser beaucoup de blés pour en faire produire beaucoup, et soyons certains qu'alors nonseulement nous aurons supprimé la principale cause des disettes, mais que, s'il en survenait, nous aurions pourvu mieux que par des réserves à l'existence ou à l'apport en France des céréales nécessaires à l'alimentation des populations.

Le développement de la consommation des céréales sur place est appelé, selon nous, à faire disparaître les disettes, comme leur atténuation a été produite par la liberté de ce commerce.

Pour atteindre ce résultat, il ne faut ni grands magasins ni capitaux, il suffit de supprimer les lois qui font un crime d'employer le blé à un autre usage qu'à la nourriture de l'homme ; puis encourager l'emploi des céréales à tous usages, ou au moins donner toute liberté et toute sécurité, à cet égard, aux intérêts privés.

En résumé donc :

La création d'une réserve obligatoire chez tous les boulangers, comme celle de caisses de la boulangerie dans toutes les communes de France seraient des mesures extrêmement onéreuses.

Puis , lorsque viendrait une époque de rareté du blé, ce mode de réserve serait tout à la fois un moyen pour le boulanger de soutenir les cours élevés et non de les faire abaisser ; ce serait surtout un obstacle sérieux aux apports de l'étranger et au développement des cultures en France.

Cette mesure produirait donc la disette, ou au moins la cherté, au lieu de la prévenir.

Enfin, elle aurait pour conséquence de faire peser sur le gouvernement la responsabilité de tout prix élevé du pain.

Les réserves sont moins utiles maintenant qu'autrefois, tant à cause des améliorations apportées à la culture du sol, que de la plus grande facilité des moyens de circulation.

Une réserve n'est utile qu'à la condition d'être exclusivement commerciale, et c'est chez le producteur qu'elle serait le plus profitable pour tous.

Le meilleur moyen de pourvoir aux disettes c'est surtout de multiplier l'emploi des céréales sur place, afin d'arriver à une production qui , même dans les mauvaises années, suffise encore à la nourriture des populations.

P. Surmont.

SÉANCE DU 17 DÉCEMBRE 1858.

M. Richard fait la lecture suivante :

Messieurs,

L'intéressant travail qu'a lu M. Surmont, à votre dernière réunion , soulève des questions si graves , touche à des

problèmes si délicats d'économie politique et d'administration ,
que vous me permettrez, j'espère, de les aborder à mon tour.
— Vous comprenez qu'il ne me sera pas possible de le faire sans
reproduire quelques idées déjà émises par notre honorable
collègue. Il voudra bien me le pardonner, et vous aussi, Messieurs, en raison de l'importance du sujet.

Mes observations porteront sur quatre points principaux,
que je crois pouvoir résumer ainsi :

1° Liberté du commerce des grains et de la boulangerie ;
échelle mobile et taxes ;

2° Taxe et limitation de la boulangerie ;

3° Approvisionnements par la boulangerie ;

4° Réserves chez les cultivateurs.

§ Ier.

**De la liberté du commerce des grains et de la boulangerie, de l'échelle
mobile et des taxes.**

Cette question me paraît devoir être envisagée à un double
point de vue : d'abord au point de vue purement économique,
c'est-à-dire du prix des céréales ; ensuite au point de vue admi-
nistratif et gouvernemental.

1° Je considère la liberté absolue du commerce des grains
et du pain, la suppression de l'échelle mobile et des taxes,
comme le plus sûr moyen d'obtenir le pain au plus bas prix
possible.

Quel est, en effet, le meilleur moyen d'obtenir, en tout
temps, en France, le pain à bon marché ? C'est évidemment de
faire produire au sol français une quantité de grains suffisante
pour l'alimentation générale, même dans les années les moins
abondantes. Nos trente millions d'hectares de terres laboura-
bles sont-ils assez étendus, assez fertiles, pour qu'on puisse
obtenir ce résultat ? Qui pourrait en douter !... Pour nourrir
les quarante millions d'habitants que possède la France, pendant une année, il faut cent vingt millions d'hectolitres de blé,
lesquels donnent quarante millions de sacs de farine de 157

kilogrammes l'un : chaque sac de farine rend 210 kilogrammes de pain, soit 700 grammes par personne et par jour, moyenne de la consommation générale en France. En admettant que le tiers des terres arables seulement, soit dix millions d'hectares, fût ensemencé chaque année en blés de différentes natures, froment, seigle et orge, il suffirait donc d'obtenir un rendement minimum de 12 hectolitres à l'hectare, ou 26 boisseaux au journal, pour assurer l'approvisionnement du pays. — Est-ce donc là un résultat bien difficile à atteindre et dont nous soyons si éloignés ? — Dans les années les plus calamiteuses, le déficit n'a jamais dépassé douze millions d'hectolitres, l'importation n'en a jamais introduit davantage.

Ainsi, il suffirait, pour être à jamais à l'abri de la disette, ou d'obtenir en plus du rendement actuel des dix millions d'hectares, que nous accordons chaque année à la culture des céréales, un rendement moyen de 150 litres par hectare, 3 boisseaux par journal, ou de consacrer à la culture des blés environ un million d'hectares en plus, ou enfin de défricher un million d'hectares de terres incultes sur les quatre millions qui déshonorent notre sol.

Est-ce donc là une chose bien difficile, au-dessus des forces de l'agriculture et des ressources du pays? Non, certes, et pour la réaliser il suffirait d'assurer au cultivateur une rémunération *certaine et équitable* pour ses produits ; de lui garantir qu'en cas d'abondance il aurait un large débouché, et dans les années de stérilité un prix compensateur.

Qui lui donnera cette garantie? La liberté absolue du commerce des grains, une large consommation intérieure...

Les opérations sur les grains, soit qu'il s'agisse de les importer, soit qu'il s'agisse de les exporter, ne se liquident pas en un jour, elles demandent des mois et presque des années ; elles exigent des frais énormes, de vastes magasins, des armements immenses ; en un mot, des avances considérables. — Il leur faut donc une *sécurité* au moins égale à celle qui protége toutes les autres entreprises industrielles et commerciales.

Or, voyons ce qui se passe.

La France vient d'être favorisée, je suppose, par une abondante récolte de céréales. Le prix des grains est tombé au taux où l'échelle mobile en permet l'exportation sans surtaxe. Un négociant de Marseille passe des marchés avec l'étranger ; pour les exécuter, il fait en France de nombreux achats, il arme des navires ; ses grains sont arrivés dans le port ; il va les embarquer et partir. Mais, pendant qu'il a fait ses préparatifs, d'autres négociants, de Bordeaux, de Nantes, du Havre, ont fait comme lui ; si bien qu'au dernier moment, la hausse s'en est suivie, et a dépassé le barreau de l'échelle mobile, au delà duquel l'exportation n'est plus permise qu'au moyen d'une surtaxe considérable. — Que devenir et que faire ? Payer le droit pour aller porter à l'étranger des blés devenus plus chers qu'on ne pourra les vendre ? Garder les blés en magasin, désarmer les navires, résilier les marchés ? Dans tous les cas, courir à une ruine assurée !...

Prenons l'inverse.

La récolte a été mauvaise, les céréales sont chères, et l'importation se peut faire sans payer aucun droit. Trois mille vaisseaux, et ce n'est pas assez, sont partis de nos ports pour aller chercher à l'étranger les grains et les farines qui nous manquent. — Mais, pendant le trajet, l'étranger lui-même nous a inondés de ses produits, à tel point que les prix ont descendu les barreaux de l'échelle mobile, en dessous desquels l'introduction des blés étrangers n'est plus possible qu'au moyen du paiement de surtaxes énormes ; et quand nos négociants voient arriver leurs navires, *il est trop tard*. — Que devenir et que faire ? Déposer leur bilan.

Croyez-vous que ces négociants, qui pensaient rendre un service au pays, tout en cherchant un bénéfice honnête, recommenceront encore ? Non, mille fois non !... Vous aurez bien, dans les moments d'extrême abondance ou d'affreuses famines, quelques tentatives restreintes d'exportation ou d'importation, mais vous n'aurez jamais ces grands courants commerciaux, puissants et continus, qui, suivant les circonstances, écoulent le trop-plein, ou comblent les vides de la production ; vous n'aurez pas cette armée de négociants, et cette flotte de navires, ces débouchés, et ces réserves permanentes, aussi nécessaires pour encourager la production que pour parer aux disettes.

Nous nous sommes étonné, peut-être, avec tant d'autres, de voir presque régulièrement deux ou trois années d'abondance succéder à deux ou trois années de disette ; nous avons accusé la saison, la Providence, etc., et cependant nous n'aurions dû accuser que nous-mêmes. — En effet, une insuffisance prolongée de récoltes, en élevant le prix des grains, détermine les cultivateurs à étendre leurs ensemencés de céréales, à doubler leurs engrais, à améliorer leurs cultures, et ces circonstances, jointes à un temps plus favorable, ramènent l'abondance. — Que plusieurs années favorables se suivent, que le prix des grains, sans écoulement au dehors, s'abaisse, comme cette année, au point de ne pas offrir au producteur une rémunération suffisante, celui-ci diminuera bien vite ses ensemencés de céréales, les négligera, reportera ses soins et ses engrais sur des produits plus avantageux, et bientôt la terre amaigrie, négligée, ou autrement employée, rapportera trois boisseaux de moins par journal, qu'elle n'eût donné sous l'influence d'une culture plus étendue, plus soignée : *eh bien ! ce sera la disette !...*

Disons donc que l'échelle mobile, sous prétexte de protéger la production, l'étouffe ; sous prétexte d'empêcher la disette, la provoque, et ne sait pas y remédier quand elle l'a produite ; tandis que la liberté du commerce des grains pourrait, plus qu'aucune autre mesure, amener cet heureux résultat.

J'en dirais tout autant de la taxe du pain ; elle a tous les vices du système que nous venons de condamner ; elle n'a jamais pu faire baisser d'un centime le prix du pain, puisqu'on ne peut, sans injustice, forcer les boulangers à le vendre moins cher qu'il ne leur coûte ; elle l'a fait presque toujours payer plus cher, en enlevant le stimulant si énergique de la concurrence et de la liberté, auquel sont dus tous les progrès de l'industrie. Toutes les statistiques constatent, en effet, que nous payons le pain relativement plus cher que tous les pays où la boulangerie est libre et non taxée.

Je conclurais donc, sans hésiter, à la suppression des prohibitions et des taxes, si cette grande question de la liberté du commerce des grains et de la boulangerie ne devait être envisagée qu'au point de vue du bon marché des subsistances. Mais j'ai dit, en commençant, qu'il fallait l'envisager aussi au point de vue politique et gouvernemental, et j'y arrive :

2° Sans aucun doute, la liberté amènera un bon marché relatif ; cependant je ne puis aller jusqu'à dire qu'elle amènera un bon marché absolu et permanent, qu'il n'arrivera pas telles années si inclémentes, que, les blés manquant à la fois à l'étranger comme en France, il faudra payer le pain un prix presque inabordable pour les classes malheureuses. Dans ces années, supposons un instant que nous soyons sous le régime de la liberté absolue. Pendant que les blés de la Baltique affluent sur les côtes de Normandie, les céréales du Languedoc s'enlèvent pour l'Espagne. Les habitants de cette province qui ne se rendent pas compte des approvisionnements que l'étranger nous envoie par le nord, ne voient que ceux qu'il leur enlève dans le midi, et que le gouvernement laisse partir sous leurs yeux. Ils accusent donc le gouvernement d'indifférence pour le sort des classes laborieuses. Cependant, le prix du pain augmente et le pouvoir n'avise pas encore... Le peuple souffre en présence de monceaux de blé qu'il croit inépuisables, et que d'*odieux accapareurs*, c'est le mot consacré, expédient sous ses yeux pour des pays lointains !... Et l'État n'arrête pas cet infâme trafic !... Le prix du pain devient inabordable, et les administrations municipales ne veulent pas le taxer !!... Ah ! c'est que le gouvernement, les administrations, sont complices des accapareurs et des boulangers ! Ah ! c'est qu'ils veulent affamer le peuple !... Les têtes se montent, les partis hostiles propagent les rumeurs, les exploitent, et répètent que puisque le peuple n'est plus défendu , plus protégé, il devrait bien se défendre, se protéger lui-même ! C'est son droit, lui disent-ils. Le peuple, n'est que trop disposé à entendre ces sourdes provocations, à user de son prétendu droit ; il pille les magasins, il défonce les boutiques, il brûle les minoteries : la haine est dans tous les cœurs, la violence dans tous les bras, l'émeute dans toutes les rues !...

Allez donc faire comprendre à ce peuple en délire que, sans la liberté, la production déjà insuffisante l'eût été bien davantage !... Allez donc lui faire comprendre que la liberté d'exportation a créé un commerce d'importation qui comble et bien au delà les vides du premier; qu'il entre deux fois plus de blé au Havre qu'il n'en sort à Marseille !!... Allez donc lui faire comprendre que s'il a la disette avec la liberté, sans elle il aurait eu la famine ; allez donc lui parler économie politique, encouragement à la production, etc., il vous répondra par des coups de fusil !... Et à moins que vous n'établissiez une garnison dans chaque village, vous serez obligé, pour apaiser le trouble et couper court aux récriminations, de supprimer la liberté et d'établir la taxe. La liberté, si elle était proclamée aujourd'hui, ne serait donc qu'une trompeuse amorce, une décevante illusion, qui devrait s'évanouir à la première disette; elle n'est pas possible dans l'état actuel de l'opinion publique , elle ne pourra l'être que lorsque la propagation des saines doctrines d'économie politique aura détruit des préjugés enracinés, des antipathies violentes et stupides contre le commerce des grains, contre les minotiers, meuniers et boulangers, etc. Jusque-là, il faudra conserver, en les modifiant dans un sens libéral, les prohibitions et les taxes.

§ II.

Limitation du nombre des Boulangers.

La limitation du nombre des boulangers est la conséquence nécessaire de la taxe du pain; je ne puis comprendre l'une sans l'autre.

La raison en est simple.

Supposons que nous avo::s à établir aujourd'hui, au Mans, les éléments de la taxe du pain, basée sur le prix des farines cotées à la halle à 50 francs le sac de 157 kilogrammes, poids net, devant produire 210 kilogrammes de pain. Supposons qu'il n'y ait dans la commune que 25 boulangers, soit un par 1,200 habitants, ce qui serait parfaitement suffisant. (Les règlements et décrets relatifs à la boulangerie de la Seine n'admettent qu'un boulanger par 1,500 âmes.) Ces données admises, comment procéderons-nous ? Nous calculerons avec la plus grande précision possible toutes les dépenses des boulangers inhérentes à leur profession, par jour et par année, telles que loyers, impôts, patentes, amortissement et entretien du matériel, intérêt des fonds engagés, gages des domestiques, frais de combustibles, etc. Nous ajouterons au chiffre de ces *dépenses* le salaire légitime et nécessaire qui appartient à tout homme qui exerce une profession utile et laborieuse, pour subvenir raisonnablement à ses besoins et à ceux de sa famille. Supposons, et j'établirai tout à l'heure que cette supposition est d'accord avec la réalité; supposons, dis-je. que nous ayons trouvé que l'ensemble des dépenses et salaires de nos 25 boulangers doive s'élever à 251,400 francs par année, soit, pour chaque boulanger, 18 francs 90 centimes par jour : disons 50 francs pour plus de simplicité. Les boulangers du Mans employant 30 mille sacs de farine par année, il y aura lieu d'ajouter, pour avoir le prix du pain, au prix de revient suivant le cours de chaque sac de farine, 8 fr. 38 cent. pour réprésenter les frais de fabrication, ce qu'on est convenu d'appeler *le salaire* des boulangers. Il varie, dans les différentes villes, de 8 à 10 fr. par sac, soit 9 fr. en moyenne; 8 fr. 38 au Mans.

Voilà la taxe faite ; elle doit être juste, équitable, sauvegarder également les intérêts du consommateur et du boulanger.

Reportons-nous à dix années plus tard, la boulangerie est encore taxée sur les mêmes bases ; j'admets que le taux des loyers, des impôts , etc., les gages des garçons, le prix du bois, etc., n'a pas augmenté ; il semble qu'on devrait en conclure que le *salaire* du boulanger est le même. Ce serait bien à tort.

En effet, la boulangerie n'étant plus limitée, 25 ou 50 jeunes ouvriers, désireux de devenir maîtres, alléchés par l'équité apparente de la taxe, se sont établis à côté des anciens, ont occupé toutes les rues, tous les carrefours, de telle sorte que le nombre des boulangers s'est élevé de 25 à 75. C'est, en effet, le chiffre actuel des boulangers du Mans, un par 400 habitants.

La moyenne de la fabrication de chaque boulanger s'est donc diminuée des deux tiers, et, par suite, le salaire, qui se trouve réduit à 10 fr. par jour. Si les dépenses ont diminué, pour chaque boulanger, dans les mêmes proportions, il n'y a rien à dire, la taxe est toujours équitable ; mais est-il besoin de démontrer qu'il n'en est pas ainsi ; que parce qu'un boulanger qui faisait trois fournées par jour n'en fait plus qu'une, son loyer, ses impôts, sa patente, son matériel, son fonds de roulement, les gages et la nourriture de ses garçons, sa consommation de bois, ne seront pas trois fois moindres ? Est-il besoin de démontrer qu'il ne pourra pas passer un tiers de jour au pétrin, et l'autre à la forge ou à l'établi, qu'il ne pourra pas, lui et sa famille, manger et se vêtir trois fois moins ? — Si le salaire a diminué des deux tiers, on peut affirmer que les dépenses n'auront pas diminué d'un quart. La taxe, juste à son origine, sera donc devenue insuffisante de moitié.

Ceci, Messieurs, n'est pas un parodoxe, c'est une vérité de raisonnement confirmée par les faits. Au Mans, il y a en ce moment 75 boulangers ; au moins 50 de trop. Ils emploient 30 mille sacs de farine, pour la cuisson desquels il leur est alloué 254,400 fr., soit 8 fr. 38 par sac. Il résulte d'un travail très-complet, soumis en ce moment à l'administration municipale et au Ministre, que les frais de toute nature des boulangers, calculés et détaillés four par four, s'élèvent à

575,757 fr., soit 124,331 fr. de plus qu'il ne leur est alloué pour les couvrir. Il résulte des mêmes renseignements, *contrôlés* par l'administration, que plus de 57 boulangers n'ont pas un salaire moyen de 7 fr. par jour, pour faire face à toutes les dépenses que vous savez. — Que presque aucun n'est en mesure de compléter le faible approvisionnement que les anciens règlements exigeaient, et qu'il faudra leur venir en aide pour qu'ils puissent fournir l'approvisionnement exigé par le décret du 16 novembre dernier.

Etonnez-vous donc maintenant si tel jour il a manqué quelques grammes à votre pain ; si tel autre il a été un peu moins blanc , un peu moins cuit qu'il n'eût dû l'être !... Pouvez-vous demander que chaque jour le boulanger qui vous fournit vous vende son pain moins cher qu'il ne lui coûte. L'administration peut-elle consciencieusement l'exiger ? Evidemment non. — Il faut donc qu'elle augmente la taxe, ou qu'elle ferme les yeux sur les procédés à l'aide desquels le boulanger en corrige les erreurs ; dans tous les cas, qui paiera, sous une forme ou sous une autre ? Le consommateur !... C'est toujours sur lui que retombera l'insuffisance du salaire qu'aura amenée le défaut de limitation de la boulangerie.

Mais, objecte-t-on, la limitation entraîne immédiatement, toujours et partout, la vénalité des fonds de boulangerie, l'élévation du prix de ces fonds; par suite, l'augmentation des charges du boulanger, et, comme conséquence, l'insuffisance de la taxe, et la fraude dont nous parlions tout à l'heure. Soit. Mais comparons le résultat des deux systèmes.

Nous avons vu tout à l'heure que la taxe de 8 fr. 38 cent. par sac, suffisante avec 25 boulangers, au Mans, était insuffisante de près de moitié avec 75; et les calculs des boulangers, d'accord avec la raison, nous ont démontré que cette insuffisance était au moins de 125,000 fr. Quelle que soit, d'une génération à l'autre, l'augmentation du prix des fonds de boulangerie du Mans, limités, croyez-vous que l'intérêt de cette augmentation puisse jamais s'élever à 125,000 fr. par an, représentant un capital de 2,500,000 fr., ou 100,000 fr. par fonds !!,.. Vous ne pouvez le penser ? Il s'agira seulement de quelques mille francs de plus ou de moins, dont l'intérêt sera sans importance sur le prix des subsistances.

Le prix des fonds, à peu près nul aujourd'hui, s'élevât-il après limitation et mutation, à 150,000 fr, ou 7,500 d'intérêt, que chacun de nous n'en devrait pas payer son pain plus cher de 25 centimes par an. Y a-t-il là un argument contre une bonne mesure ?

Ajoutez que la fraude nécessaire engendre celle qui ne l'est pas ; que la conscience de l'honnête homme, ayant à choisir entre une ruine injuste et une fraude facile, s'oblitère dans cette lutte des intérêts et du devoir, qu'elle y perd de sa dignité. — Ajoutez qu'une boulangerie aisée, sûre de son lendemain, efficacement protégée, fait ses approvisionnements dans de meilleures conditions, perfectionne ses instruments de fabrication, essaie de meilleurs procédés, ne subit pas la loi des vendeurs de grains et de farine, mais souvent leur impose la sienne, et que le consommateur profite de tous ces avantages.

Du reste, cette question n'en est presque plus une, bientôt tous les Conseils municipaux auront demandé la limitation ; Paris la possède depuis de longues années et s'en applaudit. Un récent décret l'a appliquée au département de la Seine et à la commune de Lyon ; le gouvernement la veut. Le Conseil d'Etat étudie en ce moment un projet de limitation générale que rend, du reste, plus urgent le récent décret sur l'approvisionnement.

§ III.

De l'approvisionnement par les Boulangers.

Chaque fois qu'une grande abondance, ou une grande disette, s'est produite en France, les économistes, les publicistes, les journalistes, se sont mis à l'œuvre pour rechercher et indiquer les meilleurs moyens d'assurer des débouchés aux producteurs des céréales, en cas de trop-plein ; des réserves aux consommateurs, en cas d'insuffisance. Parmi ces moyens, il en est un qui, bien que souvent expérimenté sans succès, a conservé son prestige sur les masses, c'est le système des approvisionnements, des réserves accumulées pendant les années d'abondance, pour parer au déficit des années de disette. L'idée sur laquelle il repose est si simple au premier aperçu, elle saisit si facilement l'esprit, que l'on comprend bien aisément la faveur dont elle jouit. L'exemple de la fourmi et de l'abeille paraît si concluant, qu'au premier abord on ne comprend même pas qu'il puisse être fait une objection à ce système !...

Le gouvernement paraît vouloir l'expérimenter sur une plus large échelle, et dans des conditions plus favorables qu'il ne l'a été jusqu'à ce jour ; on ne peut nier, qu'en agissant ainsi, il n'obéisse à la *vox populi*. L'expérience nous dira si c'est aussi celle de la vérité, car, dans les conditions où elle paraît devoir se faire, elle sera décisive, et c'est son grand mérite. Les demi-mesures n'aboutissent à rien.

Par un décret en date du 16 novembre 1858, le gouvernement impose aux boulangers de 165 communes de France un approvisionnement, en grains ou farines, équivalant à la consommation en pain, pendant trois mois, des populations qu'ils desservent. La population *agglomérée* de ces 165 communes, d'après les calculs auxquels j'ai pu me livrer, est d'environ 5 millions d'âmes. Une circulaire de M. le Ministre de l'Intérieur, du 17 novembre, indique suffisamment que le gouvernement a l'intention d'étendre la mesure au plus grand nombre de communes possible. Toutefois, il est à présumer qu'elle ne pourra guère l'être et qu'elle ne le sera pas aux petites communes rurales, dont la population s'alimentant chez les boulangers est trop peu nombreuse ; qu'elle ne comprendra que les communes dont la population agglomérée est d'environ 1,500 âmes. Ces communes sont au nombre de 1,008, et leur population totale est d'à peu près 8 millions d'habitants.

On dit que l'approvisionnement des boulangers aura pour

effet : 1° d'imposer à la boulangerie de nouvelles charges qui se traduiront en augmentation permanente du prix du pain ; 2° d'inquiéter, presque d'annihiler le commerce extérieur des grains, et, par suite, de produire la hausse des céréales au lieu de la baisse qu'on en attend. Examinons ces deux questions.

1° Il est certain que l'approvisionnement de trois mois imposé à la boulangerie lui créera de nouvelles charges qui devront retomber sur le consommateur. Mais, avant de tirer de ce fait un argument contre la mesure, voyons quelle sera l'importance de ces charges. Par exemple, dans la commune du Mans, la population de notre ville s'alimentant chez les boulangers est, nous avons déjà eu l'occasion de le dire, d'environ 30 mille habitants, qui consomment par an 30 mille sacs de farine ; la consommation, pour trois mois, est donc de 7,500 sacs, et l'approvisionnement des boulangers devra atteindre ce chiffre. Le prix moyen des farines pouvant être fixé à 50 fr. par sac, il en résulte que l'approvisionnement de la boulangerie du Mans nécessitera l'immobilisation d'un capital de 575,000 fr. dont les boulangers perdront l'intérêt, qui devra leur être restitué dans la taxe : soit.................. 18,750   »

Que les boulangers soient autorisés à avoir leur approvisionnement chez eux, ou qu'ils soient obligés de le déposer dans des magasins *ad hoc*, dans tous les cas il y aura pour eux augmentation de loyer, ou loyer nouveau, qu'on peut estimer à 1 fr. par sac, soit.................... 7,500   »

Les frais de camionnage, transport, garde, renouvellement des farines, ne peuvent être évalués à moins de......................... 3,750   »

Ensemble................ 30,000   »

C'est donc une dépense de 30,000 fr. à ajouter aux frais généraux de la boulangerie, *ou 1 fr. par an et par personne*. Certes, si la mesure en elle-même a un degré d'utilité, quelque faible qu'il soit, il n'y a pas à s'arrêter devant les frais, ils sont sans importance, et l'objection qu'on en tire est sans portée sérieuse.

2° Mais on nie l'utilité de la mesure ; on prétend même qu'elle sera plus nuisible qu'avantageuse, qu'elle aura un résultat tout contraire à celui qu'on en attend.

Examinons.

Si la mesure reste circonscrite dans les limites que lui trace le décret, elle sera sans influence sur le prix des céréales. En effet, elle s'applique uniquement à 165 communes, ayant, comme nous l'avons dit, une population agglomérée d'environ 3 millions d'habitants, pour l'approvisionnement desquels, pendant 4 mois, il faudra seulement 750 mille culasses de farine, ou 2,250,000 hectolitres de blé, c'est-à-dire 1/53 de la consommation générale. Il est bien évident que cet approvisionnement ne peut ni faire hausser les prix en cas d'avilissement, ni les faire baisser en cas de trop grande élévation.

Mais il y a lieu de penser que la mesure, ou l'expérience, pour être concluante, sera étendue à toutes les communes pouvant avoir une boulangerie sérieuse, c'est-à-dire ayant une population agglomérée de 1,500 habitants. Je vous ai dit, en commençant, que ces communes étaient au nombre de 1,008, et avaient une population d'environ 8 millions d'âmes, pour l'approvisionnement réglementaire de laquelle il faudrait 2 millions de sacs de farine, ou 6 millions d'hectolitres de blé, soit la moitié du déficit maximum de la récolte dans les plus mauvaises années.

Il est impossible de nier que les boulangers, en enlevant au commerce, en retirant pour la première fois de la circulation cette quantité de grains, en feront hausser le prix dans une certaine proportion ; il est impossible de nier que la mise en circulation, à un moment donné de cet approvisionnement, opérera une certaine baisse ; il est impossible de nier, qu'indépendamment du résultat matériel, l'approvisionnement produira un certain effet moral qui atténuera une des plus grandes causes des hausses excessives, *la panique et la spéculation désordonnée*. Mais est-il possible de nier aussi qu'elle inquiétera la spéculation honnête, qu'elle paralysera le commerce extérieur et spécialement le commerce d'importation ? Quel est donc le négociant qui voudra faire venir à grands frais du blé de l'étranger, lorsqu'il aura à craindre qu'au retour de ses navires en France, la permission accordée aux boulangers d'employer leur approvisionnement, c'est-à-dire 6 millions d'hectolitres de blé, n'en fasse baisser le prix bien au-dessous du prix de revient de celui qu'il aura acheté ? L'approvisionnement sera comme une sorte d'épée de Damoclès, suspendue sur la tête des commerçants et qui paralysera tout mouvement commercial.

Cependant il y aurait peu à se préoccuper de ce résultat, si les bonnes et les mauvaises récoltes se succédaient alternativement. En effet, la statistique démontre que sur sept récoltes classées comme mauvaises, insuffisantes, cinq au moins, six peut-être, ne présentent pas un déficit de plus de 6 millions d'hectolitres, une seulement le déficit maximum de 12 millions ; si donc les bonnes et les mauvaises récoltes se succédaient tour à tour, le déficit de 7 années insuffisantes serait au moins comblé jusqu'à concurrence de six par les réserves des sept années abondantes, et le besoin du concours du commerce extérieur et de l'importation ne se ferait guère sentir pendant ce temps ; il ne resterait qu'une année sur 14 à pourvoir, et, à défaut d'un commerce régulier, on pourrait avoir recours aux moyens extraordinaires, aux primes, aux achats directs, etc.; une fois n'est pas coutume !... Mais les récoltes bonnes et insuffisantes n'alternent pas ainsi avec une parfaite régularité : l'histoire des sept vaches grasses et des sept vaches maigres d'Égypte est l'histoire de tous les temps et de tous les lieux. J'ai eu l'occasion de lire une brochure excessivement remarquable dans laquelle on posait ce principe, appuyé sur une longue succession de faits empruntés à tous les coins du globe : 1° que les forces productrices de la terre, en céréales, accomplissaient leur révolution dans 14 ans ; 2° qu'en prenant le prix des céréales pendant 14 années, il y avait constamment

7 années au-dessus, 7 années au-dessous de cette moyenne ; 5° que les années de disette ou d'abondance se succédaient généralement, sans interruption, par périodes de trois et quatre années. Eh bien, si ces renseignements sont vrais, et ils le sont, sinon absolument, au moins dans une certaine limite, quel sera l'effet de l'approvisionnement ? Une seule fois sur trois années d'abondance, il aura fait hausser le prix avili des céréales ; une seule fois sur trois années de disette, il aura arrêté la hausse.

Qui pourvoira aux autres années ? Le commerce des grains ! Mais il n'existera plus, l'incertitude l'aura tué !... Car on ne saurait trop le répéter : « Le commerce, surtout celui des « grains, ne se crée pas, ne s'organise pas en un jour, et « pour une opération. Il lui faut un aliment permanent, « assuré, des réserves toujours remplies, des débouchés tou- « jours ouverts, des relations toujours suivies, des magasins « et des flottes toujours à sa disposition. »

Puis, n'y-a-t-il pas quelques dangers à la concentration des approvisionnements au milieu de ces masses populaires, si impressionnables, si tourmentées, si inquiètes ? Ne seront-elles pas disposées à croire ces approvisionnements inépuisables, à en demander l'emploi aux premières hausses ; à accuser le gouvernement, qui ne l'autorisera pas assez vite ; les boulangers, qui ne profiteront pas de l'autorisation assez tôt !... Ne seront-elles pas confirmées dans cette déplorable et fatale erreur que que le gouvernement est responsable de tout, même de l'in_clémence des saisons, et portées à lui en demander compte ?

Peut-être pourra-t-on remédier en partie à quelques-uns de ces inconvénients en fixant, à l'avance et pour toujours, dans le décret général d'organisation de l'approvisionnement, les limites de prix dans lesquelles il devra se faire, celles dans lesquelles il devra se conserver, celles dans lesquelles il devra s'employer ?... Mais quelles complications et quelles difficultés dans la pratique !

Disons donc que la mesure d'approvisionnement, qui, il faut

bien le reconnaître, répond à un désir, à une opinion générale, a besoin de la sanction de l'expérience ; que l'expérience seule pourra nous dire quelle est la somme de ses inconvénients et de ses avantages.

§ IV.

Réserve en grains chez les cultivateurs.

Je redoute les effets du principe de l'approvisionnement obligatoire ; mais, une fois ce principe admis, je ne sais rien de mieux, pour son application, que les mesures prescrites par le décret du 16 novembre 1858, et celles proposées par la circulaire ministérielle du 17 du même mois.

Ces deux documents révèlent tout d'abord, très-clairement, l'abandon définitif du système, tant préconisé par certains publicistes, des approvisionnements opérés directement par l'État et les administrations municipales. C'est déjà, à mon sens, un grand pas de fait dans la voie de la vérité, des saines doctrines économiques, un rude coup porté aux idées d'absorption administrative. C'est, désormais, le boulanger, c'est-à-dire le premier, le principal consommateur des farines et des grains, par conséquent le plus intéressé, qui opère et conserve son approvisionnement. L'État, les administrations municipales, n'opèrent plus qu'une légitime et facile surveillance. Nous n'avons plus à redouter cette nuée de fonctionnaires parasites, créés sous prétexte d'administrer les greniers d'abondance, etc.; c'est, je le répète, un immense progrès.

En second lieu, le système d'approvisionnement par la boulangerie est d'une merveilleuse simplicité; il ne crée pas un régime nouveau, de nouvelles entraves à la liberté de disposer de sa chose, puisque dans un très-grand nombre de villes l'approvisionnement était depuis longtemps obligatoire ; il généralise un régime existant, il introduit la surveillance et la réglementation dans une industrie déjà réglementée et surveillée; il n'y a pas de nouvelles atteintes au principe de la liberté commerciale. Puis il aura, à mon avis, cet heureux résultat d'amener, sinon légalement, du moins par la force des choses, la diminution du nombre des boulangers, en ne permettant l'exercice de cette profession qu'à des hommes offrant des garanties sérieuses ; il placera l'approvisionnement dans un assez grand nombre de mains pour faire sentir partout son influence, et dans un nombre assez restreint, toutefois, pour que la surveillance en soit facile et sûre.

En serait-il de même de la réserve *imposée* aux cultivateurs, aux producteurs de céréales, et préconisée par certains publicistes ? — Non certainement...

Et d'abord l'imposerait-on à tous les cultivateurs indistinctement ? Cela ne serait ni juste ni possible, puisqu'un grand nombre d'entre eux récoltent en céréales à peine de quoi suffire à leurs besoins et à ceux de leur famille. Prendrait-on pour base l'étendue des terres arables cultivées, le degré de fertilité de ces terres, le mode de culture, la nature des produits cultivés, etc.? Exigerait-on de tel cultivateur de la Normandie, de la Vendée, de l'Artois ou de l'Anjou, qui s'adonne presque exclusivement à la culture des plantes fourragères, des betteraves, des chanvres ; exigerait-on, dis-je, de lui la même réserve que d'un cultivateur du nord de la Sarthe ou de la Mayenne, sous prétexte qu'il pourrait consacrer une même quantité de terres à la culture des céréales? Faudrait-il qu'il renonçât à tirer le meilleur parti de son sol, ou qu'il se résignât à acheter les grains qu'on lui demande et qu'il ne produit pas? Mais alors quelles entraves à la liberté ; quelle injustice ; quelles difficultés d'appréciation, de vérification, dès le début de l'opération !

Admettons toutefois que ces difficultés sont levées, qu'on a enfin dressé la statistique générale et détaillée des fermes qui doivent fournir la réserve, et des proportions dans lesquelles elles doivent y contribuer : le décret qui l'impose est rendu, il est exécuté. — Mais, dans quelques années, au train dont va le morcellement de la propriété en France, nos fermes tribuaires se seront divisées, morcelées entre mille possesseurs ;

seront-ils tous chargés de fournir la réserve, comme une dette de famille, dans la proportion de leurs acquisitions ? Ce serait absurde. La répartira-t-on sur d'autres. Quel travail et quelle complication !. .

La réserve entre les mains du cultivateur entraînera de grandes charges : les blés ne gagnent pas à vieillir , ils perdent toujours en poids, souvent en qualité ; c'est non-seulement un capital qui dort, mais qu'il en coûte beaucoup pour conserver intact. C'est aujourd'hui un fait acquis, que les grains, quelque soin que l'on ait mis à leur conservation , perdent 10 p. 0/0 de leur poids, d'une année à l'autre. — Il faudra donc indemniser le conservateur : qui le paiera en fin de compte? Le consommateur.

Bien plus, ce n'est pas l'intérêt seulement que perd le cultivateur en conservant son grain, c'est le capital, en ce sens qu'il n'en peut disposer ; et cependant il peut en avoir besoin pour satisfaire à des engagements sacrés et pressants... Oh! je sais bien qu'on répond sans hésiter : « L'autorité lui délivrera un « certificat, un warrant, qui vaudra de l'argent, car il aura « pour représentation et pour gage une valeur bien assu- « rée, » etc.

Aura-t-il cours forcé ce warrant? On ne va pas jusque-là... Eh bien ! je vous le dis, avec ce papier le fermier ne trouvera crédit ni chez son propriétaire, ni chez son charron, ni chez son maréchal, parce que ni les uns ni les autres n'en trouveraient chez leurs fournisseurs avec ce même papier. Quand j'accepte en paiement des billets de la banque de France, c'est parce que je sais que des millions d'espèces et de lingots, en sûreté dans ses caves, me répondent d'un remboursement à volonté. Mais, dit-on, des monceaux de grains, en sûreté dans les greniers des cultivateurs, garantissent également son warrant. Qui me le prouve? Qui me prouve que ces monceaux de grains ne sont pas sortis d'hier, après la visite de M. l'Inspecteur, qu'ils n'appartenaient pas à quelque voisin complaisant qui les a prêtés pour le moment, toujours connu, des inspections?...

Qui me prouve qu'ils n'en sortiront pas demain pour satisfaire au paiement d'une dette urgente, empêcher une saisie, etc.? Mais qu'importe, du reste? Est-ce que ce monceau de grain est mon gage? est-ce que je puis le faire saisir et vendre à une époque donnée? — Mais non, puisque c'est l'approvisionnement, la réserve, le *salus populi!* Ah! le bon billet que j'aurai là !...

Puis, voyez-vous s'avancer l'armée des peseurs, des mesureurs, des vérificateurs jurés, des inspecteurs, sous-inspecteurs, employés, surnuméraires de l'administration des subsistances? — Oh! la bureaucratie, la paperasserie, la fonctiomanie, les règlements, les procès-verbaux, les contraventions, les poursuites... Mon Dieu, délivrez-nous du mal...

L'esprit recule effrayé devant les conséquences théoriques et les difficultés pratiques, les impossibilités d'une semblable mesure.

Je résume, Messieurs, cet examen bien incomplet, je le sais, des hautes et importantes questions abordées dans le travail de notre honorable président, et je dis :

1° En principe, la liberté absolue du commerce des grains et du pain serait, sans aucun doute, avantageuse pour le consommateur. En fait, elle est impraticable dans l'état actuel de nos mœurs et de nos préjugés.

2° La limitation de la boulangerie est la conséquence rigoureuse de la taxe du pain : elle est juste, et aussi avantageuse pour le consommateur que pour le boulanger.

3° L'approvisionnement restreint, exigé par le décret du 16 novembre, n'aura pas une influence sérieuse sur le prix du pain. — L'approvisionnement plus étendu, que la circulaire ministérielle laisse prévoir, ne pourra être définitivement jugé qu'après la complète et sérieuse expérience que le gouvernement veut faire.

4° Le principe de l'approvisionnement *obligatoire* une fois admis, l'application n'en peut être mieux faite qu'à la boulangerie.

L'approvisionnement *volontaire*, excellent en principe, n'aura jamais d'application étendue, n'en pourra jamais avoir de suffisante pour remédier aux disettes ou aux encombrements.

RICHARD, AVOCAT.

Après cette lecture, M. SURMONT demande la parole et dit : Je suis heureux de constater mon accord avec mon collègue sur ce point capital, que le vrai moyen de parer aux disettes, c'est de développer davantage la culture du blé ; mais il pense que la suppression de l'échelle mobile serait le meilleur moyen pour atteindre ce résultat, et moi je crois qu'il faut surtout pousser à la production par une consommation plus étendue, en France même, et cela par l'emploi des céréales à d'autres usages qu'à celui de l'homme.

Le maintien de la liberté du commerce avec l'extérieur donnera certainement plus de régularité dans la production et plus de certitude dans les approvisionnements ; mais les transports de blés sont coûteux, ce qui entrave l'écoulement des produits trop abondants ; je lui préférerais de beaucoup une consommation sur place, soit par les agriculteurs, soit par l'industrie.

L'ineffiacité actuelle de cette liberté du commerce pour la vente des produits existant dans les greniers, est la meilleure preuve qu'il faut chercher un débouché plus certain, plus à la disposition des intéressés, et on ne peut atteindre ce but désiré que par une consommation dans le pays même. Où pourrait-on, en effet, trouver un emploi du blé à de meilleures conditions que là où l'on supprime tous les frais accessoires qui dans les ventes au loin viennent grever cette marchandise, et par suite en restreindre l'usage ? N'est-ce pas aussi un avantage à ne pas dédaigner, que le maintien chez nous de grandes quantités de céréales, même avec une destination autre que celle de la nourriture de l'homme ? N'est-il pas certain qu'en cas de disette, le cultivateur le plus habitué à nourrir ses bestiaux avec du blé, n'hésiterait pas à revenir au mode actuel de les sustenter avec du foin et de la paille ?

Supposons aussi que tous les chevaux de l'armée fussent habituellement nourris avec du blé, le gouvernement ne trouverait-il pas dans la suspension de son emploi, une réserve considérable pour la nourriture des hommes sous les drapeaux, ce qui profiterait en même temps au public, sans avoir les inconvénients de grandes réserves sans emploi immédiat?

Pour M. Richard, comme pour moi, les réserves spéciales ne devraient être qu'un moyen transitoire, et je me suis bien mal fait comprendre s'il a cru que je demandais qu'on mît la réserve *obligatoire* chez le producteur, au lieu de la placer chez le boulanger.

Ce qui m'a fait dire qu'il fallait de préférence pousser à une réserve chez le cultivateur, c'est surtout parce qu'elle y serait exclusivement commerciale ; car il n'a jamais pu entrer dans mes idées de conseiller une monstruosité pareille à celle d'un approvisionnement *obligé* dans toutes les fermes, et je m'associe de grand cœur au ridicule qu'il déverse sur tout projet pareil qui serait tenté.

Mon collègue déroge évidemment aux premiers principes qu'il a émis, lorsqu'il déclare que, pour lui, l'utilité d'une réserve étant admise, il ne voit rien de mieux à faire que celle projetée par le gouvernement ; car, puisqu'il reconnaît que la liberté serait ce qu'il y aurait de préférable, il devrait aimer mieux une réserve purement commerciale et facultative, qu'une réserve obligatoire. Je ne m'explique cette sorte de contradiction qu'en pensant qu'il s'est borné à considérer celle chez les producteurs comme devant être nécessairement obligatoire aussi.

Je constate, d'ailleurs, qu'il voit comme moi, dans la réserve obligatoire, la suppression du commerce qui apportait le blé de l'extérieur, et dans la création de magasins généraux pour garder les approvisionnements, un danger sérieux pour la tranquillité publique.

Il est un point sur lequel je diffère complétement d'avec M. Richard, c'est lorsqu'il dit que, la taxe du pain étant admise, la limitation du nombre des boulangers doit nécessairement s'ensuivre. C'est, avant tout, un acte de justice selon lui, car si la taxe était suffisamment rémunératoire pour les boulangers existants lorsqu'elle a été établie, elle cesse de l'être dès que leur nombre augmente.

Je n'avais pas abordé cette question dans mon travail ; mais, puisque je suis appelé à en parler, je dois dire que c'est une erreur de croire que les taxes ont eu pour point de départ le nombre des boulangers, et c'est prêter bien de l'irréflexion à nos pères que de penser qu'en ne limitant pas les fonds, ils n'ont agi ainsi que par oubli ou parce qu'ils ne prévoyaient pas l'augmentation des fabricants de pain.

Cette absence de limitation indique, au contraire, que les taxes ont eu partout pour base une quantité déterminée de farines à employer. Au Mans, c'est celle nécessaire pour trois fournées, nous croyons, qui a servi de point de départ. On s'est dit que l'on ne devait se préoccuper que des boulangers qui feraient au moins cette quantité de pain, et que quant à ceux qui s'établiraient sans une clientèle suffisante pour atteindre ce résultat, ou aux anciens qui descendraient au-dessous de ce minimum par suite du passage de leurs pratiques à d'autres fonds, ils subiraient le sort de tout commerçant dont les opérations mal fondées ou mal dirigées aboutissent au néant.

Quant à se croire obligé de limiter le nombre des boulangeries, comme moyen de compenser l'inconvénient de la taxe en assurant une existence convenable à tous ceux sur lesquels elle pèse, on ne l'a pas admis lors de la formation des taxes ; d'abord parce que même avec la limitation on n'arrive pas à donner à tous les fonds la prospérité et qu'il y en a toujours qui meurent de faim, passez-moi le mot, à côté d'autres qui réalisent de grands bénéfices.

Un second motif, c'est que ce n'est pas la taxe qui empêche certains boulangers de faire fortune, car ce ne serait certainement pas en les autorisant à n'en tenir aucun compte et à vendre plus cher que le tarif, qu'ils entreraient dans une voie plus fructueuse.

Disons mieux, c'est que la taxe *même exécutée* ne pèse pas plus sur la boulangerie que les droits de douane, d'octroi, etc., ne gênent les autres industries. J'ajouterai que, loin de nuire, elle est au contraire favorable aux boulangeries peu achalandées, et c'est certainement parce que la taxe ne permet pas à leurs clients de croire qu'ils paieraient le pain meilleur marché dans un fonds plus en vogue, qu'ils continuent à s'approvisionner chez elles.

La limitation n'est donc pas *due* comme conséquence de la taxe. Est-elle davantage motivée par l'intérêt public ? Mon collègue insiste sur ce point, et pense qu'au moyen de plus de bénéfice chez les uns, de moins de perte chez les autres, on arrivera à supprimer la fraude dans la fabrication et à obtenir dans la qualité du pain plus de perfection.

Voyons d'abord pour la fraude, qui s'exercerait, selon lui, dans la non-limitation, avec un effet tel que, d'après ses calculs, nous subirions au Mans une surtaxe de 125,000 francs environ par an, comme conséquence du trop grand nombre de boulangers.

M. Richard fait ici une confusion provenant de ce qu'il prête à des intérêts divergents une action qui n'est vraie que lorsqu'ils concordent entièrement ; car nous avons bien reconnu ensemble que les boulangers avaient plus d'un moyen de se soustraire à la taxe, et qu'ils y arrivaient sans que l'administration pût s'y opposer efficacement ; mais ce qui est vrai lorsque l'autorité veut imposer des charges générales, cesse de l'être lorsqu'il s'agit de fonds dans une situation différente.

Dans le premier cas, les boulangers, sans même se concerter, arrivent inévitablement à altérer la base des taxes, ou, s'ils ne le peuvent, à diminuer tous la qualité du pain, parce qu'alors, leur position respective ne changeant pas, ils y trouvent un avantage commun. Mais il n'en est plus de même dans le cas qui nous occupe, où l'intérêt de chacun est surtout de se procurer la clientèle des autres.

A ce point de vue, les établissements en vogue chercheront toujours à perfectionner leur pain au lieu d'en diminuer la qualité, et il en sera de même des fonds ayant une clientèle restreinte; en effet, ce n'est qu'en se rapprochant le plus possible, sous ce rapport, des premiers, qu'ils arrivent à se maintenir.

Quant aux altérations sur le poids, qui ne sait que les fonds les moins achalandés trouvent, à ne pas tromper sur les quantités, une des causes les plus efficaces de leur conservation, et qu'ils servent même à cet égard d'utiles contre-poids aux fonds en prospérité, qui ont, eux, une grande tendance à pousser fort loin ce mode d'élévation de leurs bénéfices ?

Faut-il redouter davantage leur entente pour aggraver d'une manière générale le prix du pain? Nullement : les boulangers qui occupent la tête de leur industrie savent très-bien que si par là ils feraient plus de bénéfices, par contre ils aideraient aussi à maintenir la concurrence des autres fonds, ou à en faire établir de nouveaux.

Ce concert, qui a ses dangers, n'est donc pas employé, et si, avec la non-limitation, une hausse se produit dans une certaine mesure, en raison d'une tendance commune, elle se manifesterait bien davantage avec une restriction apportée dans le nombre des boulangers. Disons donc qu'une aggravation sur le prix du pain, comme conséquence d'un nombre illimité de fonds, n'est nullement à redouter.

Les faits, d'ailleurs, justifient pleinement cette appréciation ; la situation précaire dans laquelle se trouvent certains fonds est la preuve parlante que les boulangers qui les dirigent n'arrivent pas à rentrer, même sous une forme irrégulière, dans ces profits qui effrayent mon collègue.

Je suis loin de croire en effet, comme l'indiquerait son raisonnement, que les boulangeries qui restent au-dessous de la moyenne sont celles où l'on se soustrait le plus à la taxe ; je prétends, au contraire, que ce sont les fonds en prospérité dans lesquels on fait le plus de dérogations au tarif administratifs, et que, loin d'y faire profiter le public des perfectionnements qu'y permet une clientelle nombreuse, on réalise dans ces boulangeries des profits proportionnels plus grands que dans celles en décadence.

Si je reconnais donc avec M. Richard qu'un boulanger riche donne de meilleur pain, si je conviens aussi que la limitation aurait comme résultat de relever le niveau des bénéfices de tous les fonds, et de faire peut-être que le moins favorisé aurait encore des moyens d'existence suffisants, je ne puis en conclure que toute dérogation à la taxe, n'étant plus motivée par la décadence des fonds, cesserait ou au moins s'atténuerait.

C'est là, pour moi, une illusion, qui ne s'appuie sur aucun fait pratique.

Ce que nous savons, au contraire, c'est que, d'une part, l'action administrative est impuissante pour régler le prix du pain d'une manière un peu certaine, et que toute réduction par la taxe est inefficace, puisque c'est même pour cela qu'on veut recourir à la limitation ; c'est que ce sont les boulangers qui font des bénéfices importants qui vendent déjà le pain le plus cher, que ce sont eux qui demandent que l'on réduise le nombre des établissements ; et comme ce n'est pas par suite de pertes, mais par désir de bénéficier davantage, qu'ils provoquent la mesure, il est plus que probable que, pas plus que les bouchers, ils ne feraient profiter le public des profits plus grands qu'ils viendraient à réaliser.

Il ne saurait être douteux même qu'avec la limitation les fonds n'arrivassent à être vendus avec une plus-value représentative de cette restriction apportée à la concurrence. Il se produirait donc ce qui a lieu pour les offices ministériels, où le prix des charges atteint des chiffres exagérés, qui sont loin de tourner à l'avantage des clients et des affaires.

4

Eh bien, supposons qu'au Mans on réduise le nombre des boulangeries à quarante, comme cela est, dit-on, projeté, et que les fonds se vendent, en moyenne, 1,000, 2,000 fr., etc., ce sera 40,000, 80,000 francs, etc., qu'il nous faudra alors payer le pain de plus que ne le motiverait le prix du blé, en sus des 30,000 francs auxquels M. Richard évalue le coût annuel des réserves générales.

Cette surcharge est sans importance, nous dit-il, si on la répartit sur une population de 30,000 habitants. C'est vrai ; mais ce n'en sera pas moins une aggravation, au lieu de l'amélioration qu'il nous fait espérer, et à laquelle il faudra, sans nul doute, ajouter le prix de l'indemnité à donner aux boulangers qu'on supprimera.

Le public n'a donc aucun avantage à attendre de la limitation, parce que ce n'est pas contre la boulangerie en décadence, mais contre celle en prospérité, qu'il a besoin d'être prémuni ; et l'administration n'a qu'un moyen efficace de lui être utile, c'est de laisser la porte ouverte à tout nouveau venu, afin que chacun puisse toujours se soustraire aux exigences et à l'entente des premiers établis.

Lorsque la boucherie a exagéré ses prix, n'est-ce pas par la création de nouveaux fonds, ou par des ventes à la criée, que l'on a lutté efficacement contre elle ? Pourquoi donc alors agir différemment ?

Le public limite aussi le nombre des boulangers ; mais tandis que la limitation administrative maintient ceux qui sont malhabiles comme ceux qui améliorent leur fabrication, lui, ne fait prospérer que ceux qui lui donnent des avantages certains.

Laissez-nous donc la non-limitation qui donne la concurrence et est un moyen plus sûr d'obtenir de bon pain et à bas prix, que de rendre les bénéfices de la boulangerie plus certains et plus considérables, en croyant par là leur ôter tout intérêt et toute tendance à la hausse, tandis qu'on leur donne plus de facilité et d'avantages à l'entente pour élever les prix.

En résumé, si, en matière de subsistances, quelqu'un a besoin d'être protégé, ce ne sont pas les boulangers, qui, après tout, n'adoptent cette industrie que volontairement; et si la taxe a un effet sur eux, elle n'est qu'une juste protection due aux populations qui, confiantes en elle, ont renoncé à fabriquer directement leur pain, et se sont mises par là beaucoup plus dans la dépendance de la boulangerie que la taxe ne la met, elle, dans la dépendance du public.

Nous n'avons point tant à nous prémunir contre les fraudes des établissements les moins en prospérité que contre la tendance de ceux qui, dépassant la moyenne, réalisent des bénéfices suffisants. Ce sont eux seuls qui demandent la réduction des fonds existants, et rien n'est moins assuré que de croire que ce soit pour diminuer le prix du pain.

La non-limitation offre un moyen plus sûr d'entraver la tendance à élever les prix que de limiter le nombre des boulangers, en leur donnant plus de bénéfices avec la confiance qu'ils en feront profiter le public.

Je suis heureux, répond M. RICHARD, de me trouver d'accord avec M. Surmont sur un grand nombre des questions les plus importantes soulevées dans ce débat, et sur lesquelles je ne veux pas revenir. -- J'aurais été singulièrement surpris qu'après avoir critiqué la réserve *obligatoire* chez les boulangers, il la préconisât chez les cultivateurs; mais je ne puis partager ce que je suis tenté d'appeler ses illusions sur la réserve *volontaire* entre les mains de ces derniers. — Mon honorable collègue semble penser que ce qui empêche les producteurs de céréales d'en faire des approvisionnements, dans les années d'abondance, pour les écouler dans les années de disette, c'est le défaut d'argent et de crédit, et il propose, pour y suppléer, les warrants!...

Eh bien! je ne crois pas que ce soit principalement le besoin de battre monnaie qui détermine le cultivateur à se débarrasser promptement, et au plus tard dans l'année, de ses récoltes en grains; car les propriétaires cultivateurs, au nombre de

2,733,997, en France, ne les gardent guère plus que les 998,460 fermiers et les 539,232 métayers ; car les propriétaires, fermiers et métayers riches, ne les gardent guère plus que ceux qui sont moins aisés. Les uns et les autres vendent, parce que les frais de conservation sont de près de cinq pour cent, parce que la perte sur le poids est de dix pour cent, parce que la perte d'intérêt est aussi quelque chose, et que rien ne leur garantit que l'année d'après ils trouveront une compensation à ces quinze ou vingt pour cent de perte, dans une augmentation supérieure du prix des blés ; qu'il arrive souvent, au contraire, qu'après une bonne récolte vient encore une meilleure, puis une supérieure, et qu'alors la baisse des prix vient s'ajouter à la dépréciation de la marchandise et aux frais de conservation. Voilà pourquoi tous vendent, et tous les warrants et les billets de crédit ne les empêcheront pas de le faire.

Un mot maintenant sur la question de limitation de la boulangerie. Mon collègue soutient « que mes arguments pour « la limitation pèchent par la base ; qu'on n'a jamais eu égard « au nombre des boulangers existants dans une ville, pour « fixer les éléments de la taxe, qu'on n'a eu égard qu'aux dé- « penses et recettes d'un boulanger qui cuisait au moins trois « fournées par jour ; qu'on ne s'est jamais préoccupé de ceux « qui ne sauraient pas atteindre à ce chiffre ou s'y maintenir ; « qu'on les a abandonnés à leur malheureux sort, au sort de « tout industriel ou commerçant qui ne sait pas se créer une « suffisante clientelle. »

Comment M. Surmont ne s'est-il pas aperçu que cette prétendue objection était un nouvel argument en faveur de la limitation, ou plutôt le même argument que j'ai présenté, mais sous une autre forme ? — Dire que, pour que le boulanger trouve dans la taxe une rémunération suffisante, il faut qu'il cuise *trois fournées* par jour, n'est-ce pas la même chose que de dire qu'il faut qu'il fournisse mille à douze cents pratiques, ou bien encore qu'il n'y ait pas plus de 25 à 50 boulangers au

Mans, pour que tous puissent y gagner honorablement leur vie ?
S'il y a une différence , elle consiste uniquement en ce que
M. Surmont dit : « *Tant pis pour les boulangers qui sont de*
« *trop, qui ne font pas trois fournées ; qu'ils se retirent, et la*
« *limitation se fera d'elle-même , comme en toute autre in-*
« *dustrie.* » Tandis que moi je dis : « *Tant pis pour la popu-*
« *lation si tous les boulangers, qui boulangent, ne boulangent*
« *pas assez pour gagner honorablement leur vie ; c'est la po-*
« *pulation qui finira par en souffrir, ce ne sera pas le nombre*
« *des boulangers qui diminuera, nous en avons la preuve, ce*
« *sera la qualité du pain.* »

Les boulangers taxés, réglementés, surveillés, ne peuvent
pas être assimilés à des commerçants ordinaires ; ils n'ont pas
le droit de vendre leur marchandise quand ils veulent, le prix
qu'ils veulent. — Ils n'ont pas la possibilité, soit par le bon
marché, soit par la perfection de leurs produits, de doubler,
tripler la consommation et les débouchés, comme les autres
industriels ; quels que soit le prix et la qualité de leur pain, il
n'en sera pas mangé cent kilogrammes de plus ou de moins
par jour. Non, les boulangers ne sont pas des commerçants
ordinaires, ce sont bien plutôt des fonctionnaires employés à
la fabrication du pain, moyennant des appointements ou remises déterminés... Donnez-leur des remises suffisantes, vous
serez bien servis, vous aurez droit de l'être ; payez-les mal,
vous serez mal servis et n'aurez pas le droit de vous en plaindre. Or, je soutiens, et j'ai prouvé, que le meilleur moyen de
les bien payer, sans qu'il en coûte, c'est de les limiter ; l'augmentation du prix des fonds, quelle qu'elle soit, ne pouvant
jamais avoir une influence sérieuse sur le prix du pain, puisque
quand bien même le prix des fonds augmenterait de 80,000 fr.,
il ne s'agirait pour le public, que de payer l'intérêt de ces
80,000 fr., et non le capital, c'est-à-dire 12 centimes par
personne et par an.

On craint que la limitation, dans la boulangerie, ne produise
les déplorables effets qu'elle a produits dans les offices

ministériels. Eh bien, qu'on ne limite plus ni les avoués, ni les huissiers, ni les notaires ; qu'on se contente de les taxer, comme aujourd'hui, en raison de leurs œuvres, et si dans dix ans la justice et les pactes ne coûtent pas aux parties dix fois plus que maintenant, malgré toutes les taxes du monde, j'abandonne la limitation et les boulangers à leur malheureux sort. — Jusques-là je persisterai à dire : « Partout où le débouché est li-« mité, où le travail est taxé, où le travailleur n'est pas libre, « il doit y avoir limitation, aussi bien dans l'intérêt général « que dans l'intérêt particulier. »

Je demande à ajouter quelques mots, dit M. SURMONT, sur cette question des taxes et de la limitation des boulangers ; car je ne puis pas plus admettre que le commerce de la boulangerie soit comprimé par l'administration, que privé de toute extension comme acte commercial. Mon collègue oublie que la consommation du pain varie, au contraire, d'une manière très-notable suivant les pays comme suivant le prix et la qualité de la fabrication, et que, dans une même ville, les établissements qui prospèrent le plus sont ceux où l'on fait le meilleur pain et le pain de luxe, et qu'on en vend d'autant plus qu'on le perfectionne davantage.

Quant à l'allusion aux conséquences désastreuses qu'aurait la non-limitation des offices ministériels, je partage tout à fait l'avis de M. Richard ; mais parce qu'il demande qu'on se contente de les taxer comme aujourd'hui. Or, ce qui existe, ce n'est pas une taxe obligatoire, mais facultative. Qu'on exige que tous les actes soient contrôlés et taxés ; et sans demander la révision des tarifs, qui pourtant serait nécessaire aussi, je crois que cette liberté serait préférable pour le public, à l'état actuel.

Le Mans. — Impr. Monnoyer, place des Jacobins. — Février 1859.